時間 15分　合格 80点　/100

月　日

サクッとこたえあわせ

答え 81ページ

1　整数と小数　……(1)

[どんな整数や小数も、0から9までの10個の数字と小数点を使って表すことができます。]

1 次の□にあてはまる数を書きましょう。　教14ページ　30点(1つ5)

10が 2 個で	2	0			
1が㋐□個で		4			
㋑□が 3 個で		0	.3		
㋒□が㋓□個で		0	.0	7	
㋔□が㋕□個で		0	.0	0	5
あわせて	2	4	.3	7	5

2 次の□にあてはまる数を書きましょう。　教14ページ3　40点(1つ2)

① 403.27＝100×㋐□＋10×㋑□＋1×㋒□＋0.1×㋓□＋0.01×㋔□

② 36.283＝㋕□×3＋㋖□×6＋㋗□×2＋㋘□×8＋㋙□×3

③ 0.4062＝1×㋚□＋0.1×㋛□＋0.01×㋜□＋0.001×㋝□＋㋞□×2

④ 500.01＝㋟□×5＋10×㋠□＋1×㋡□＋㋢□×0＋㋣□×1

3 下の□に、1、2、5、7、8の数字を1回ずつあてはめて、いちばん大きい数といちばん小さい数をつくりましょう。　教14ページ2　30点(1つ15)

① いちばん大きい数　□□.□□□

② いちばん小さい数　□□.□□□

合格 80点 ／100

月　日

1　整数と小数　……(2)

[小数も、10倍すると位が1けた上がり、$\frac{1}{10}$にすると位が1けた下がります。]

1 □にあてはまる数を書きましょう。　教15〜16ページ2　16点(1つ4)

① 整数や小数を10倍すると、小数点は右へ□けた移(うつ)ります。

② 整数や小数を□にすると、小数点は左へ1けた移ります。

③ 整数や小数を100倍すると、小数点は右へ□けた移ります。

④ 整数や小数を$\frac{1}{100}$にすると、小数点は左へ□けた移ります。

2 次の数を10倍、100倍、1000倍した数を書きましょう。

教15〜16ページ2、16ページ3　24点(1つ4)

① 3.627　10倍(　　　)　100倍(　　　)　1000倍(　　　)

② 0.739　10倍(　　　)　100倍(　　　)　1000倍(　　　)

3 次の数を$\frac{1}{10}$、$\frac{1}{100}$、$\frac{1}{1000}$にした数を書きましょう。　教15〜16ページ2、16ページ3

24点(1つ4)

① 502.3　$\frac{1}{10}$(　　　)　$\frac{1}{100}$(　　　)　$\frac{1}{1000}$(　　　)

② 8.25　$\frac{1}{10}$(　　　)　$\frac{1}{100}$(　　　)　$\frac{1}{1000}$(　　　)

4 計算をしましょう。　教15ページ　12点(1つ4)

① 3.72×10　② 26.52×100　③ 14.3÷100

5 下の数直線で、㋐から㋕のめもりが表す数はいくつでしょうか。　教16ページ5

24点(1つ4)

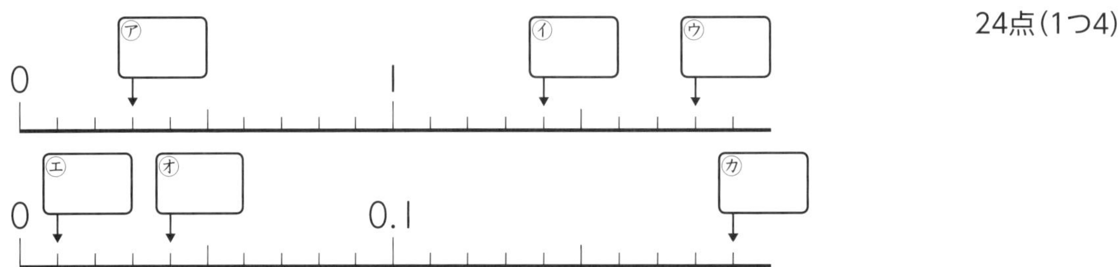

合格 80点 /100

月　日

答え 81ページ

2 体積

直方体や立方体の体積 ……(1)

[1辺が1cmの立方体の体積(たいせき)を1立方(りっぽう)センチメートルといい、1cm³と書きます。]

1 1辺が1cmの立方体の積み木で、あ、いの形を作りました。 教20ページ

30点(1つ5)

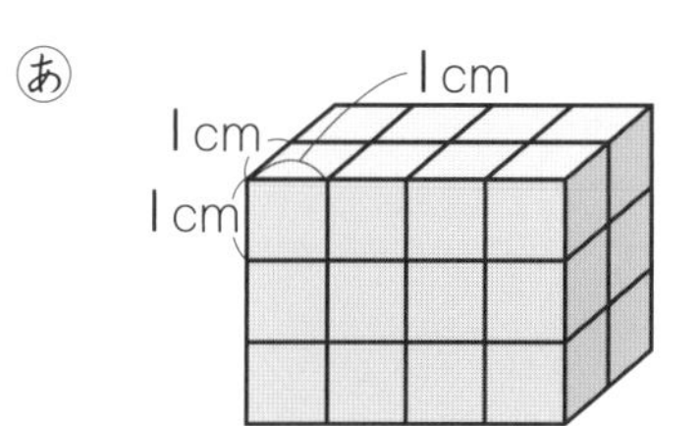

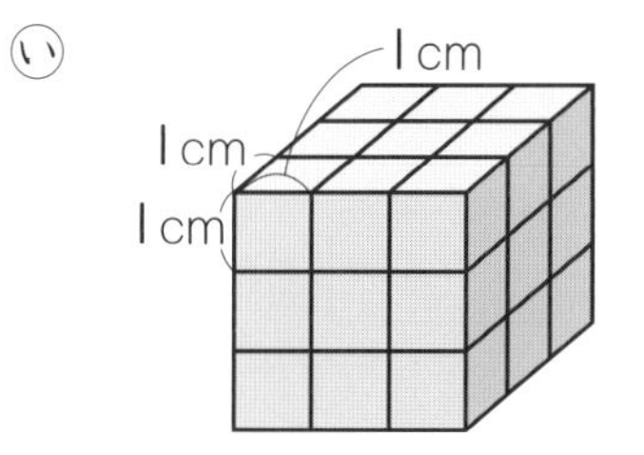

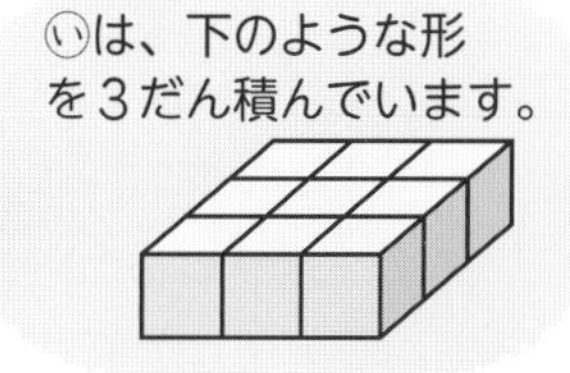

① あ、いの体積はそれぞれ何cm³でしょうか。

あ　1cm³の ㋐ 個(こ)分で ㋑ cm³

い　1cm³の ㋒ 個分で ㋓ cm³

② どちらが何cm³大きいでしょうか。

答え ㋔ のほうが ㋕ cm³大きい。

2 1辺が1cmの立方体の積み木で、次のような立体を作りました。
体積は何cm³でしょうか。 教21ページ①

40点(1つ20)

①

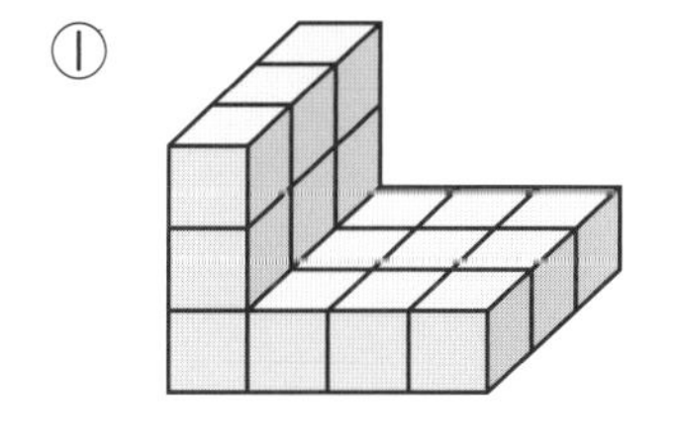

(　　　　)

②

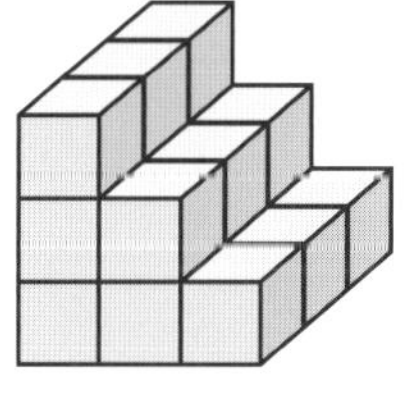

(　　　　)

3 次のような立体の体積を求めましょう。 教21ページ②

30点(1つ15)

①

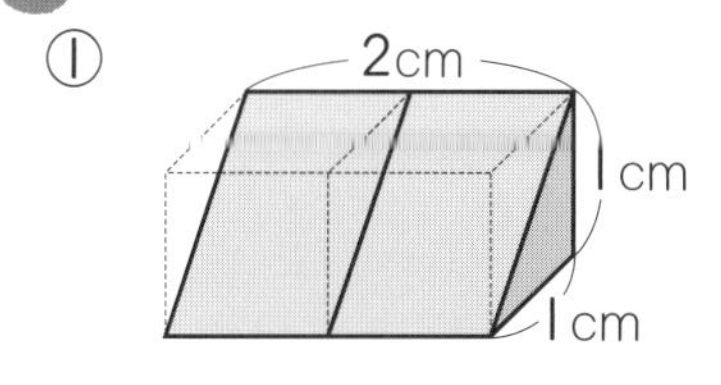

(　　　　)

②

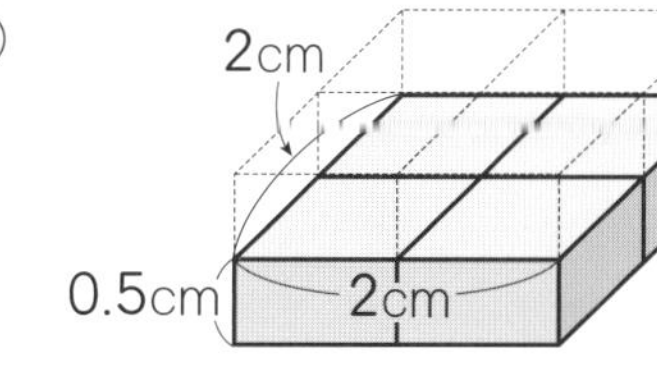

(　　　　)

合格 80点 ／100

月　日

2　体積

直方体や立方体の体積 ……(2)

[直方体の体積＝たて×横×高さ　　立方体の体積＝１辺×１辺×１辺]

1 □にあてはまる数を書きましょう。 教21〜24ページ　40点(1つ5)

① 直方体の体積は、

たて × 横 × 高さ で求められるので、

右の直方体の体積は、

4cm
5cm
3cm

② １辺が2cmの立方体の体積は、

2 次のような直方体や立方体の体積を求めましょう。 教24ページ③　40点(1つ10)

①

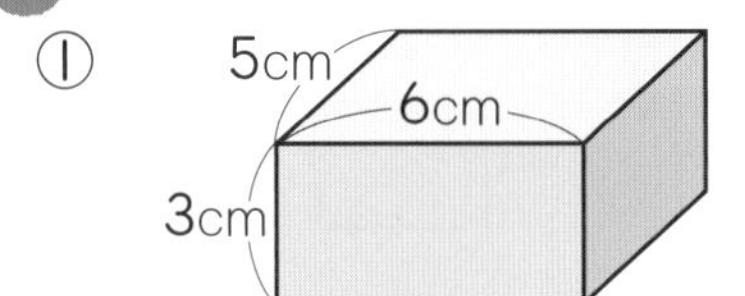

(　　　　)

②

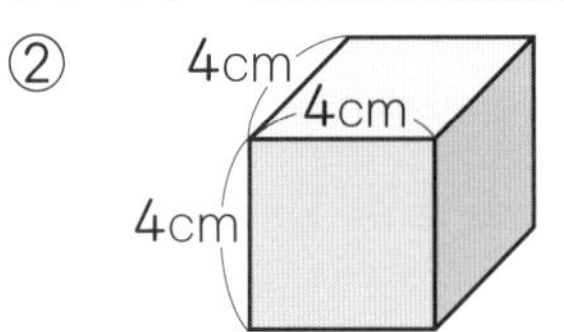

(　　　　)

③

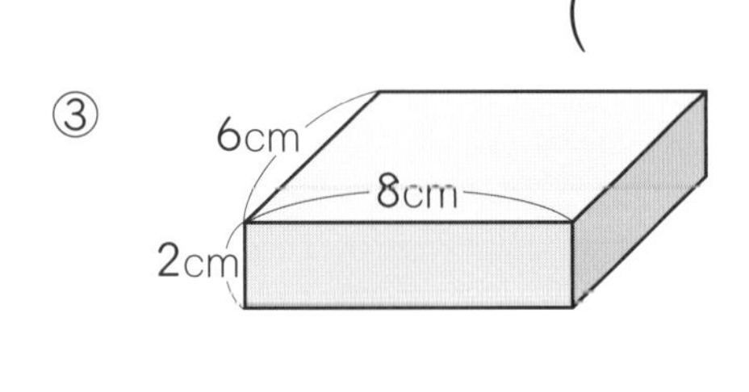

(　　　　)

④

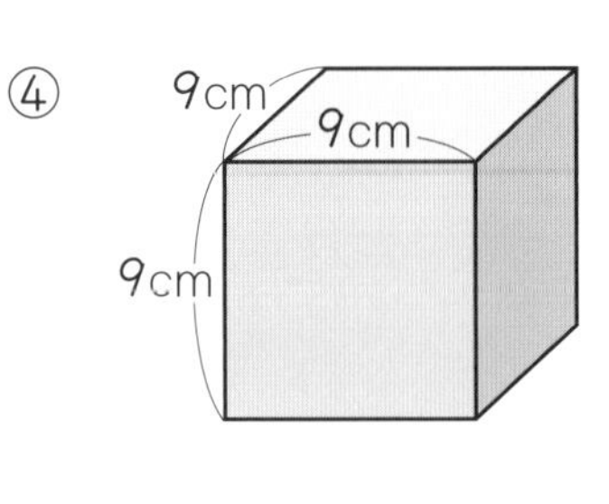

(　　　　)

3 たて3cm、横5cmで、体積が90cm³の直方体があります。
この直方体の高さは何cmでしょうか。 教24ページ④　20点

(　　　　)

月　日

2　体積

大きな体積の単位／容積……(1)

［1辺が1mの立方体の体積を1立方メートルといい、1 m^3 と書きます。1m＝100 cm、1 m^3＝1000000 cm^3］

1 1辺が1mの立方体を積んで、右のような直方体を作りました。
直方体の体積を m^3 と cm^3 で書きましょう。 教25〜26ページ4、5　40点(1つ20)

1 m^3 は 1000000 cm^3 だから…

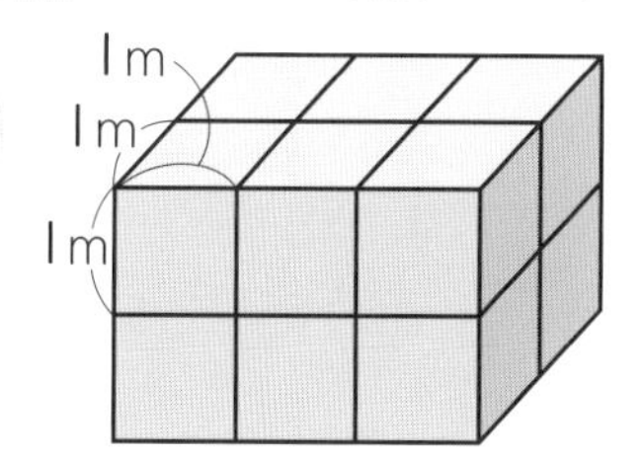

① (　　　　　　) m^3

② (　　　　　　) cm^3

2 右の図のような直方体の形をした水そうがあります。
この水そうの容積(ようせき)は何 m^3 でしょうか。 教27ページ6
30点(式15・答え15)

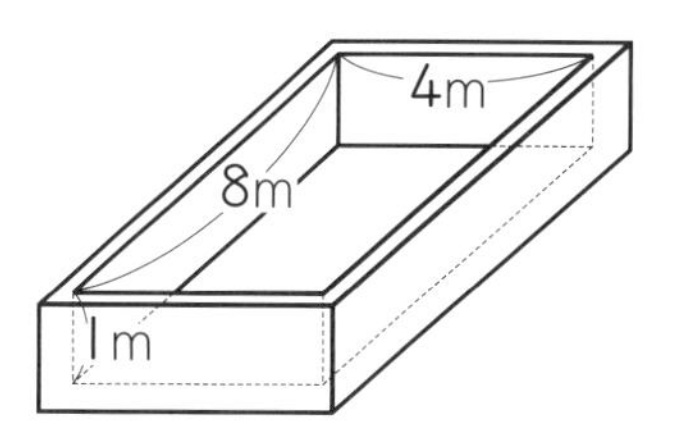

式　　　　　　　　　　　　　　答え (　　　　　)

3 水のかさと体積の関係です。
□にあてはまる数を書きましょう。 教28ページ7　30点(1つ5)

あが ㋐□ 個(こ)分でい　　いが ㋑□ 個分でう

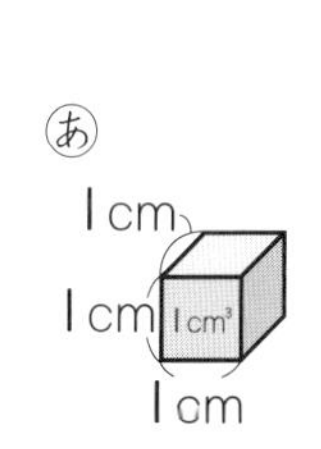

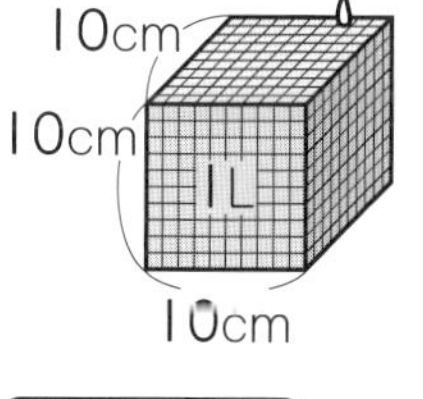

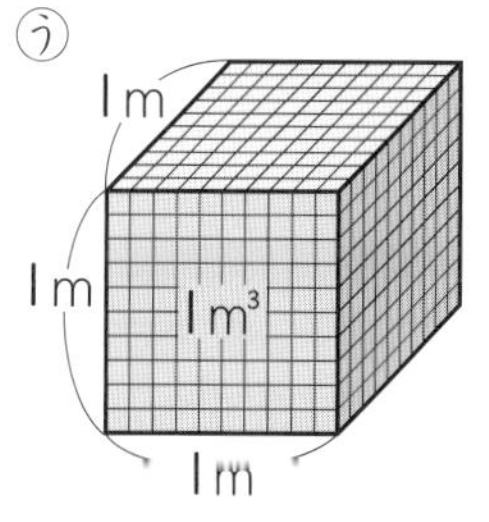

1 cm^3＝㋒□L　　㋔□ cm^3＝1L　　1 m^3＝㋕□L

1 cm^3＝㋓□mL

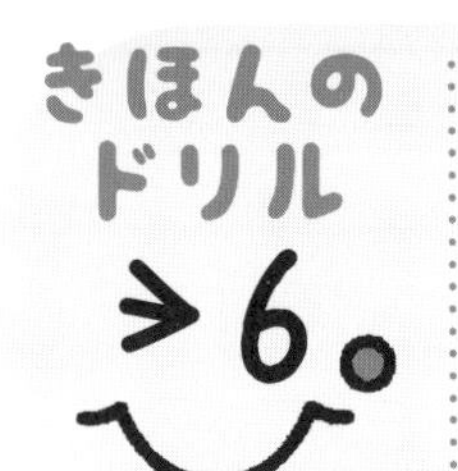

時間15分　合格80点　／100

月　日

2　体積

容積……(2)／体積の公式を使って

[階だんのような立体も、いくつかの直方体の体積の和や差として求められます。]

1 次の□にあてはまる単位や数を書きましょう。　📖教29ページ8　　40点(1つ8)

1辺の長さ	1 m	10 cm	1 cm
正方形の面積	1 m^2	100 cm^2	1 ㋐□
立方体の体積	1 ㋑□	1000 cm^3	1 cm^3
	㋒□ kL	㋓□ L	㋔□ mL

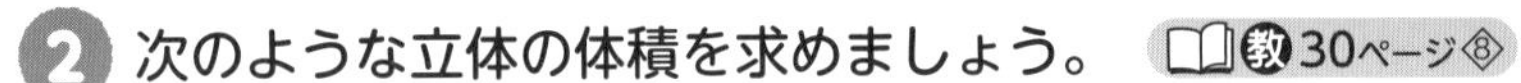

2 次のような立体の体積を求めましょう。　　📖教30ページ⑧　　60点(1つ20)

①

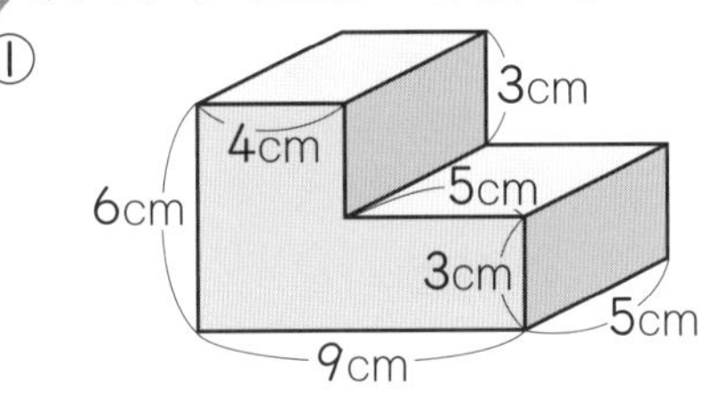

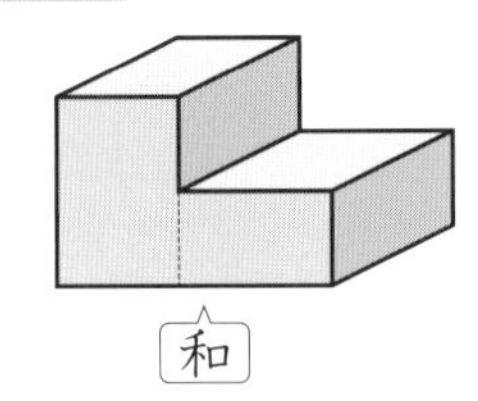

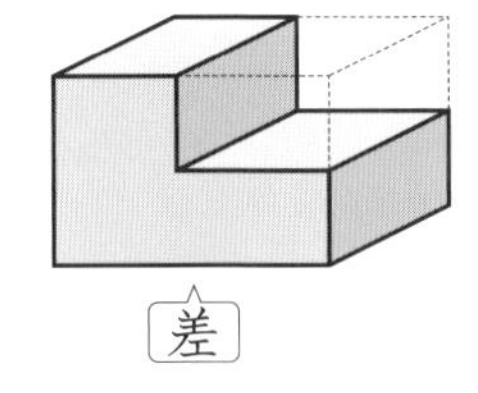

(　　　　　)

②

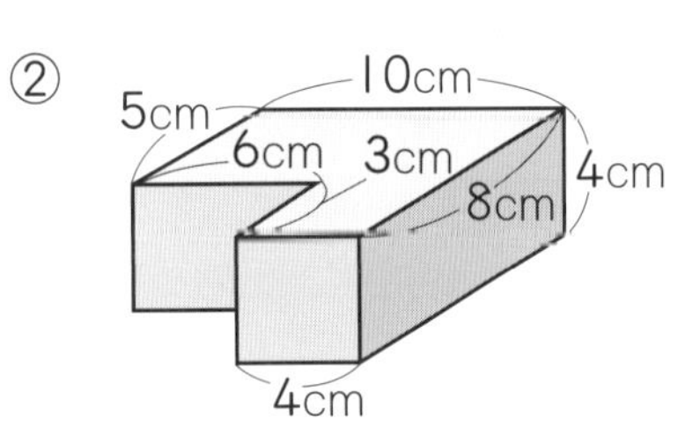

(　　　　　)

③

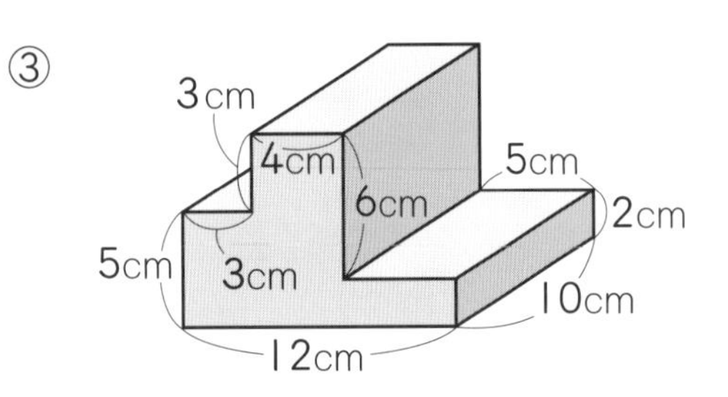

(　　　　　)

合格 80点　／100

月　日

サクッとこたえあわせ

答え 82ページ

3　2つの量の変わり方　……(1)

［2つの数量があって、一方の値(あたい)が2倍、3倍、……になると、それにともなってもう一方の値も2倍、3倍、……になるとき、この2つの数量は比例(ひれい)するといいます。］

1 下の表は、直方体の形をした水そうに水を入れたときの深さを、1分ごとに調べたものです。　教36～38ページ　60点(1つ20)

時間　(分)	1	2	3	4	5	6	7	8	9	10
水の深さ(cm)	4	8	12	16	20	24	28	32	36	40

① 時間が1分増(ふ)えると、水の深さはどのように変わるでしょうか。□にあてはまる数を書きましょう。

□cm 増える

② 時間が2倍、3倍になると、水の深さはどのように変わるでしょうか。□にあてはまる数を書きましょう。

□倍、□倍になる

③ 水の深さは時間に比例するといえるでしょうか。

(　　　　)

2 たての長さが4cmの長方形の、横の長さ○cmと面積△cm^2の関係を調べました。
教36～39ページ　40点(1つ8)

横の長さ○(cm)	1	2	3	4	5
面積　△(cm^2)	4	㋐	㋑	㋒	㋓

4cm
1cm
2cm
3cm

① それぞれの面積を上の表に書きましょう。

② ○と△の関係を式に表しましょう。

(　　　　　　)

時間15分 合格80点 /100

月　日

サクッとこたえあわせ

答え 82ページ

3　2つの量の変わり方 ……(2)

[○と△を使って、2つの数量がともなって変わる関係の式を表すことができます。]

1 下の①から④の場面について、○と△の関係を式に表しましょう。
また、表にあてはまる数を書きましょう。 教42ページ3　100点(式5・答え4)

① 96まいあるメモ帳の、使ったまい数○まいと残りのまい数△まい

式（　　　　　　）

使ったまい数○(まい)	1	2	3	4	5	
残りのまい数△(まい)	㋐	㋑	㋒	㋓	㋔	

② 50gのふくろに60gのおかしを入れるときの、おかしの個数(こすう)○個と全体の重さ△g

式（　　　　　　）

おかしの個数○(個)	1	2	3	4	5	
全体の重さ　△(g)	㋐	㋑	㋒	㋓	㋔	

③ 1Lのガソリンで25km走る自動車の、ガソリンの量○Lと進む道のり△km

式（　　　　　　）

ガソリンの量○(L)	1	2	3	4	5	
進む道のり△(km)	㋐	㋑	㋒	㋓	㋔	

④ 1mのねだんが15円の針金(はりがね)を買うときの、買う長さ○mと代金△円

式（　　　　　　）

買う長さ　○(m)	1	2	3	4	5	
代金　　△(円)	㋐	㋑	㋒	㋓	㋔	

教科書 41～42ページ

時間15分　合格80点　／100

月　日

答え 82ページ

4　小数のかけ算　……(1)

[整数×小数や、小数×小数は、整数どうしのかけ算の積をもとにして計算します。]

1 1mのねだんが70円のリボンがあります。このリボン1.8mの代金を考えます。□にあてはまる数を書きましょう。 教48～49ページ　20点(1つ5)

① 代金を求める式を書きましょう。

□×□

1mのねだん×長さ　整数のときと同じだね。

② 1.8mの代金は、18mの代金を□にした数です。

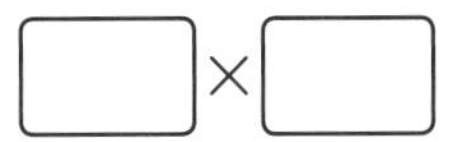

③ 70×18＝1260ですから、1.8mの代金は□円になります。

2 ㋐、㋑、㋒の順に□にあてはまる数を書きましょう。 教51ページ4　30点(1つ5)

① 30×1.9＝㋒□　30×19＝㋐□

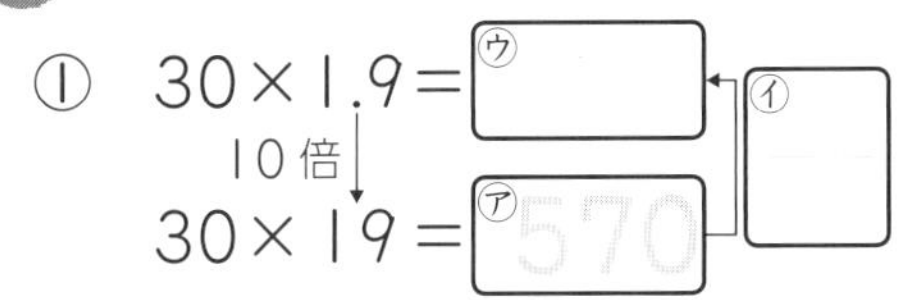

② 50×2.7＝㋒□　50×27＝㋐□

3 ㋐、㋑、㋒の順に□にあてはまる数を書きましょう。 教53ページ1　30点(1つ5)

① 1.6×3.4＝㋒□　16×34＝㋐□

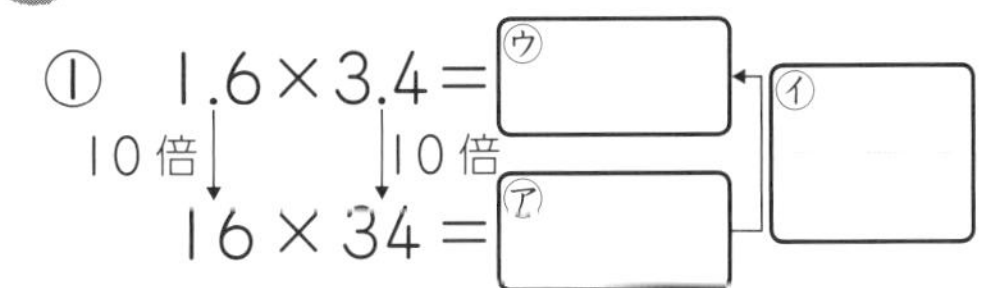

② 2.6×2.3＝㋒□　26×23＝㋐□

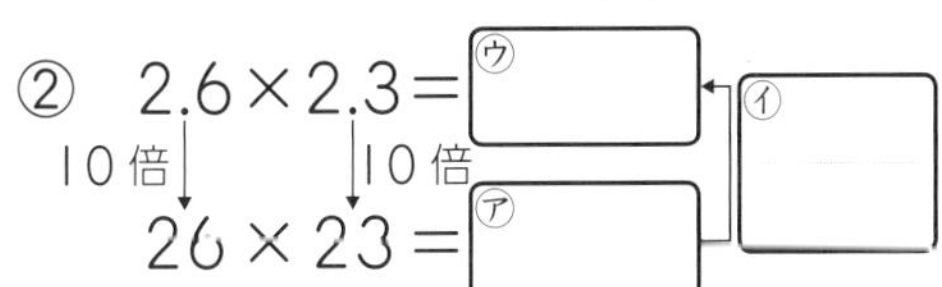

4 計算をしましょう。 教51ページ4、53ページ4　20点(1つ5)

① 40×1.3

② 130×2.6

③ 5.4×1.7

④ 2.4×0.6

時間15分 合格80点 /100

月 日

4 小数のかけ算 ……(2)

[小数のかけ算の筆算は、小数点がないものとして計算した積に、小数点をうちます。]

1 筆算で計算をしましょう。 教53ページ2 42点(1つ6)

①
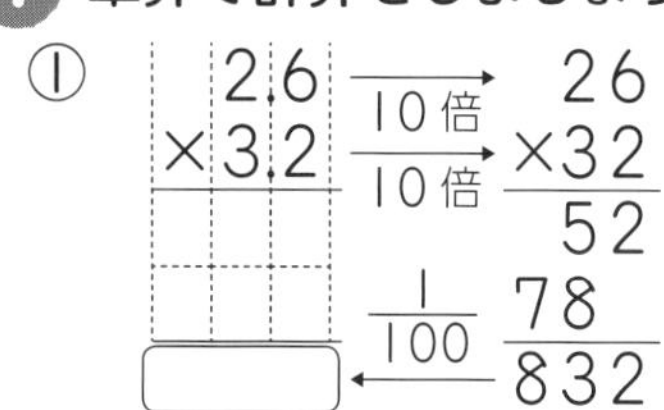

② 1.7 × 2.8

③ 4.3 × 3.6

④ 2.3 × 4.3

⑤ 3.5 × 0.5

⑥ 0.8 × 4.7

⑦ 0.6 × 0.7

2 筆算で計算をしましょう。 教54ページ4 42点(1つ6)

①
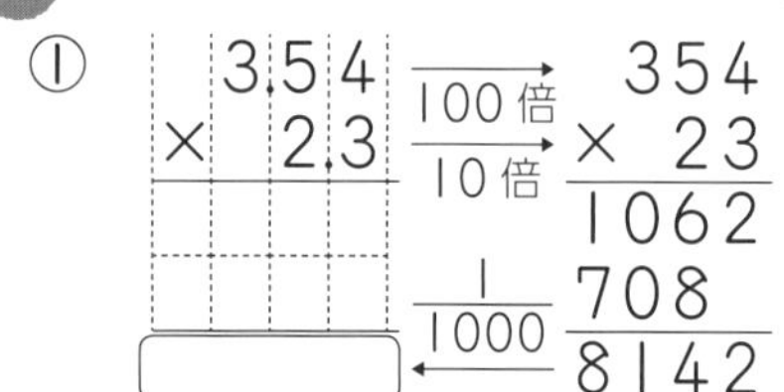

② 4.39 × 6.2

③ 6.42 × 4.7

④ 2.79 × 4.6

⑤ 4.28 × 0.7

⑥ 5.03 × 8.3

⑦ 7.06 × 5.6

3 筆算で計算をしましょう。 教54ページ7 16点(1つ4)

① 5.7 × 6.3

② 0.7 × 3.3

③ 3.24 × 7.3

④ 6.28 × 0.4

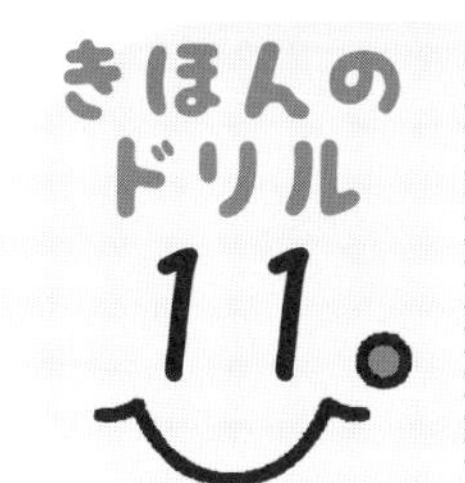

月　日

4　小数のかけ算 ……(3)

積の小数点は、積の小数部分のけた数が、かけられる数とかける数の小数部分のけた数の和になるようにうちます。

1 計算をしましょう。  60点(1つ6)

① 2.4 × 3.8

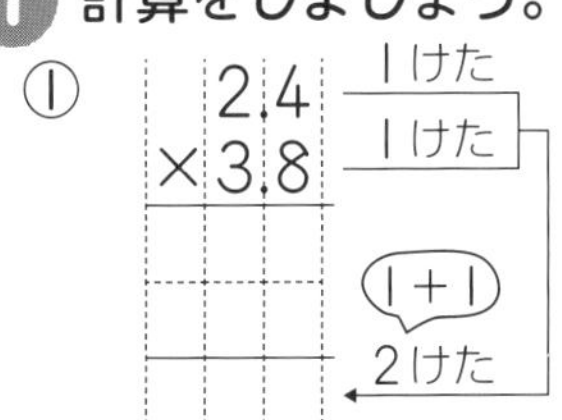

② 3.6 × 3.4

③ 5.8 × 0.7

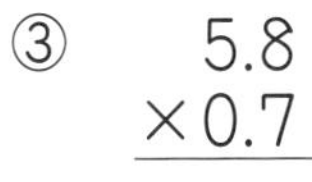

④ 5.64 × 3.4

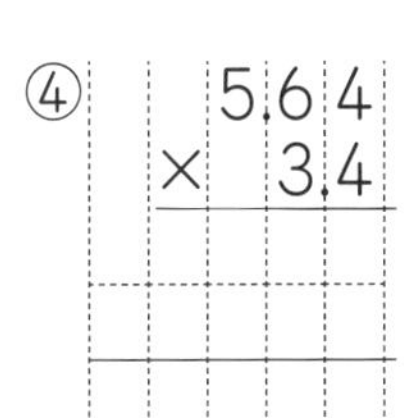

⑤ 7.38 × 4.7

⑥ 3.67 × 7.3

⑦ 2.84 × 1.24

⑧ 0.47 × 0.16

2けた
2けた
2+2
4けた

積の一の位や $\frac{1}{10}$ の位に0が必要だね。

⑨ 0.39 × 0.23

⑩ 0.24 × 0.04

2 計算をしましょう。  40点(1つ5)

① 4.05 × 0.36
　2430
1215

② 6.38 × 1.15

③ 4.25 × 0.4

④ 2.46 × 2.5

⑤ 0.75 × 1.48

⑥ 4.36 × 2.05

⑦ 0.65 × 0.04

⑧ 0.05 × 0.04

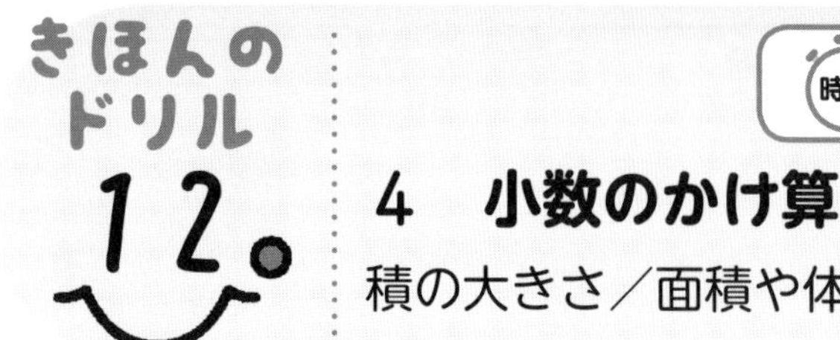

合格 80点　／100

月　日

サクッとこたえあわせ

答え 83ページ

4　小数のかけ算　……(4)

積の大きさ／面積や体積の公式

[かけ算では、１より小さい数をかけると、積はかけられる数より小さくなります。]

1 １m のねだんが 300 円のリボンがあります。 教56ページ6　30点(式5・答え1つ5)

① このリボン 1.3 m の代金は何円でしょうか。
また、それは 300 円より高いでしょうか、安いでしょうか。

式

答え（　　　　）　300 円より（　　　　）

② このリボン 0.7 m の代金は何円でしょうか。
また、それは 300 円より高いでしょうか、安いでしょうか。

式

答え（　　　　）　300 円より（　　　　）

2 積がかけられる数より小さくなる式を、すべて選びましょう。 教56ページ12　10点

㋐ 0.6×2.1　　㋑ 25×0.9　　㋒ 0.2×3.4　　㋓ 0.6×0.02

（　　　　）

3 面積や体積を求めましょう。 教57ページ13　60点(式10・答え5)

① たてが 2.5 cm、横が 3.7 cm の長方形の面積

式

答え（　　　　）

② たてが 2.5 m、横が 0.8 m、高さが 1.2 mの直方体の体積

式

答え（　　　　）

③ １辺が 0.6 m の正方形の面積

式

答え（　　　　）

④ １辺が 0.4 m の立方体の体積

式

答え（　　　　）

合格 80点 /100

月　日

4　小数のかけ算 ……(5)

計算のきまり

[小数のかけ算についても、これまでに学んだ計算のきまりが成り立ちます。]

1 右のような長方形の面積の求め方を考えます。
□にあてはまる数を書きましょう。 教58ページ8　25点(1つ5)

① 長方形を2つに分けて考えると、

$2.6\times4.6+$ ㋐□ $\times4.6=$ ㋑□

② 長方形を1つにまとめて考えると、

$(2.6+$ ㋒□ $)\times4.6=$ ㋓□

㋑と㋓の答えは ㋔□ になります。

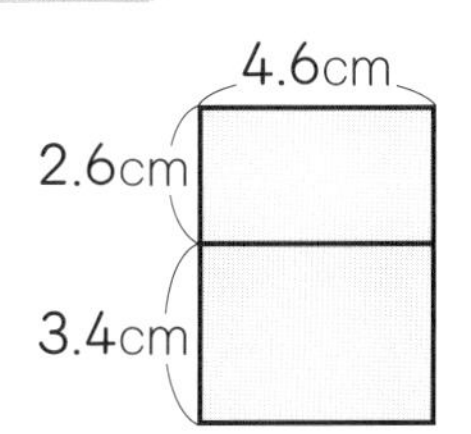

2 □にあてはまる数を書きましょう。 教58ページ9　20点(1つ5)

① $0.8\times5.7=5.7\times$ □

② $(7.4\times0.6)\times1.5=7.4\times($ □ $\times1.5)$

③ $(2.6+3.6)\times0.5=2.6\times$ □ $+3.6\times0.5$

④ $6.8\times0.9-4.8\times0.9=(6.8-4.8)\times$ □

○×△＝△×○
(○×△)×□＝○×(△×□)
(○＋△)×□＝○×□＋△×□
(○－△)×□＝○×□－△×□

3 □にあてはまる数を書いて、計算をしましょう。 教58ページ8、14　40点(1つ5)

① $11\times0.6\times0.5=11\times(0.6\times0.5)$
$=11\times$ ㋐□
$=$ ㋑□

② $3.7\times0.6+2.3\times0.6=(3.7+2.3)\times0.6$
$=$ ㋒□ $\times0.6$
$=$ ㋓□

③ $1.2\times2.5=(1+0.2)\times2.5$
$=1\times2.5+0.2\times2.5$
$=2.5+$ ㋔□
$=$ ㋕□

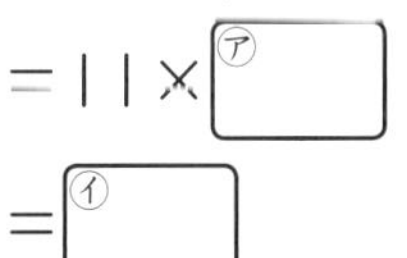

④ $26\times0.9=26\times(1-0.1)$
$=26\times1-26\times0.1$
$=26-$ ㋖□
$=$ ㋗□

4 くふうして計算をしましょう。 教58ページ14　15点(1つ5)

① $9\times0.6\times0.5$　② $4.5\times1.8+4.5\times1.2$　③ 1.1×7.3

教科書 58ページ

合格 80点　　/100

月　日

4　小数のかけ算

1 計算をしましょう。　20点(1つ5)

① 26×14＝□　② 2.6×14＝□

③ 26×1.4＝□　④ 2.6×1.4＝□

2 計算をしましょう。　40点(1つ5)

① 2.9 × 1.2　② 4.78 × 3.6　③ 4.76 × 2.53　④ 0.58 × 0.3

⑤ 1.4×7.2　⑥ 6.48×4.7　⑦ 3.92×1.68　⑧ 0.03×0.02

3 1 m のねだんが 90 円のリボンがあります。　10点(式5・答え5)
このリボン 3.6 m の代金は何円でしょうか。

式

答え (　　　　)

4 かけられる数より積が小さくなるのはどれでしょうか。すべて答えましょう。　10点

㋐ 0.95×1.72　㋑ 3.6×0.24
㋒ 5.31×0.66　㋓ 18.3×1.43

(　　　　)

5 たてが 5.6 cm、横が 7.2 cm の長方形の面積を求めましょう。　10点(式5・答え5)

式

答え (　　　　)

6 くふうして計算をしましょう。　10点(1つ5)

① 3.8×4×2.5　② 0.9×0.6＋0.9×1.4

教科書 48〜58ページ

合格 80点 ／100

月　日

サクッとこたえあわせ

答え 84ページ

5　合同と三角形、四角形

合同な図形 ……(1)

[ぴったり重ねることのできる2つの図形は合同(ごうどう)であるといいます。]

1 合同な図形はどれとどれでしょうか。　教63～64ページ　20点(1つ10)

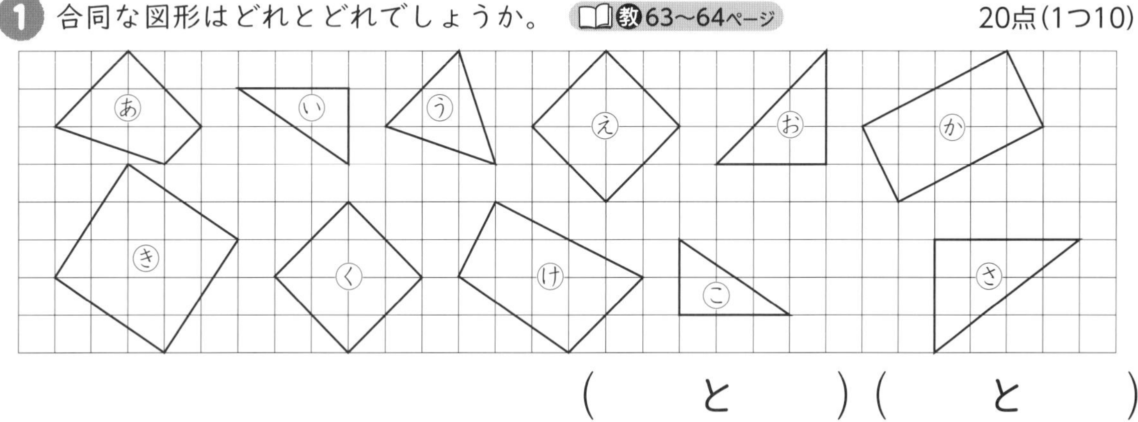

(　　と　　)(　　と　　)

2 下の2つの四角形は合同です。対応(たいおう)する頂点(ちょうてん)、辺、角を□に書きましょう。

教64ページ2　60点(1つ10)

① 頂点Aに対応するのは頂点□です。

② 頂点Cに対応するのは頂点□です。

③ 辺ABに対応するのは辺□です。

④ 辺ADに対応するのは辺□です。

⑤ 角Bに対応するのは角□です。

⑥ 角Dに対応するのは角□です。

3 下の2つの図形は合同です。辺EHの長さは何cmでしょうか。
また、角Gの角度は何度でしょうか。　教65ページ①　20点(1つ10)

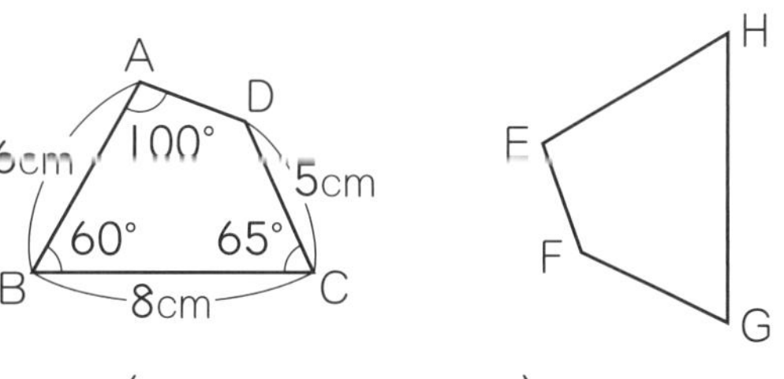

辺EHの長さ(　　　　)　角Gの角度(　　　　)

教科書 62～65ページ

合格 80点 /100

月 日

サクッとこたえあわせ

答え 84ページ

5 合同と三角形、四角形

合同な図形 ……(2)

[平行四辺形の対角線で分けられる2つの三角形は、合同になります。]

1 右の平行四辺形ABCDを1本の対角線で2つの三角形に分けました。
□にあてはまる記号を書きましょう。 教66ページ3 32点(1つ8)

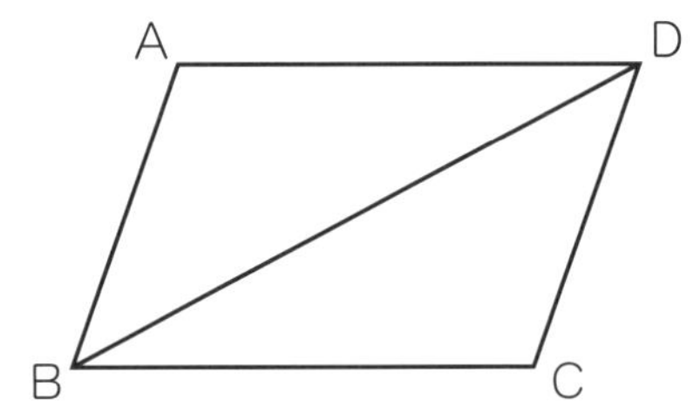

① 辺ABの長さと辺□の長さは同じです。

② 辺BCの長さと辺□の長さは同じです。

③ 角Aの大きさと角□の大きさは同じです。

④ 三角形ABDと三角形□は、きちんと重なるので合同です。

2 右の長方形ABCDに2本の対角線をかきました。
□にあてはまる数や記号を書きましょう。 教66ページ③ 32点(1つ8)

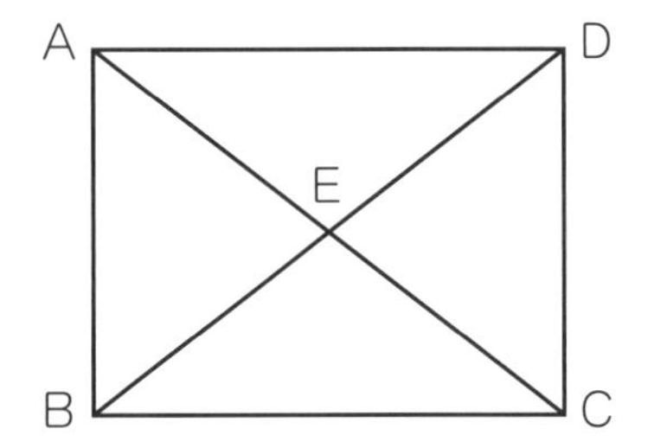

① 三角形ABCと合同な三角形は、全部で□つあります。

② 三角形ABCと合同な三角形は、
三角形□、三角形□、
三角形□です。

3 平行四辺形ABCDに2本の対角線をかきました。
図の中の合同な三角形について、□にあてはまる記号を書きましょう。 教66ページ③
36点(1つ6)

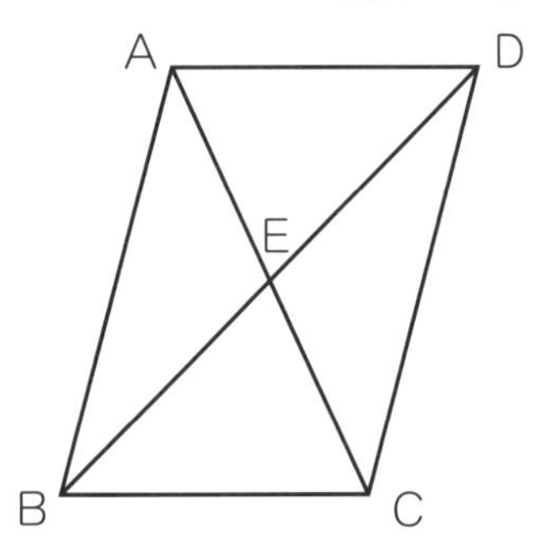

三角形ABEと三角形CDEについて、

① 頂点(ちょうてん)Aに対応(たいおう)するのは、頂点□です。

② 頂点Bに対応するのは、頂点□です。

③ 辺ABに対応するのは、辺□です。

④ 辺ABと辺□、辺AEと辺□、
辺BEと辺□は、それぞれ同じ長さです。

教科書 66ページ

合格 80点　／100

月　日

サクッとこたえあわせ

答え 84ページ

5　合同と三角形、四角形

合同な図形のかき方　……(1)

[定規（じょうぎ）、コンパス、分度器を使って合同な三角形をかきます。]

1 合同な三角形のかき方について、□にあてはまる数や言葉を書きましょう。

教67～69ページ　40点(1つ8)

合同な三角形は、三角形の3つの辺の長さと3つの角の大きさのうち、次の①、②、③のどれかがわかればかくことができます。

① □つの辺の長さ

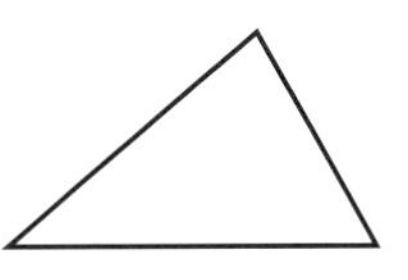

② □つの辺の長さと

その間の□の大きさ

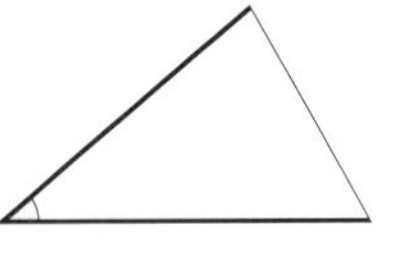

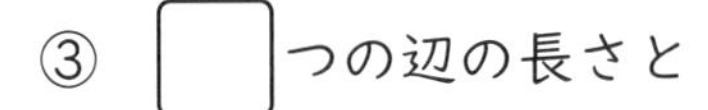
③ □つの辺の長さと

その両はしの□の大きさ

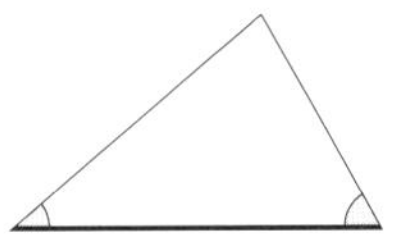

2 右の三角形ABCと合同な三角形をかくには、どこの辺の長さや角の大きさがわかればよいでしょうか。㋐から㋕の中から選び、記号で答えましょう。　教70ページ5

30点(1つ10)

㋐　辺AB、辺BC、辺CAの長さ

㋑　角A、角B、角Cの大きさ

㋒　角Aと角Bの大きさ

㋓　角Bの大きさと、辺AB、辺BCの長さ

㋔　辺ABと辺BCの長さ

㋕　角Aと角Bの大きさと、辺ABの長さ

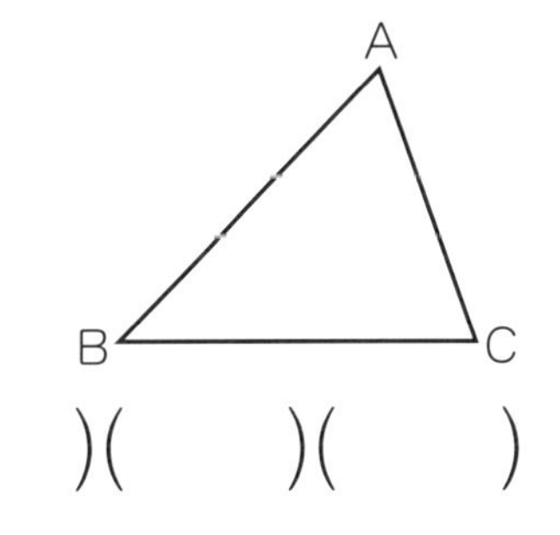

(　　　)(　　　)(　　　)

3 下の線や角を使って、三角形をかきましょう。　教69ページ4　30点(1つ10)

①

4cm

(残りの2辺が2cm、3cm)

②

45°

4cm

(4cmの辺の残りの角が45°)

③

4cm

(両はしの角が30°、60°)

時間 15分 合格 80点 /100

月　日

5　合同と三角形、四角形

合同な図形のかき方 ……(2)

[合同な三角形のかき方を使って、合同な多角形をかくことができます。]

1 右の四角形ABCDと合同な四角形をかくには、どこの長さや大きさをはかればよいでしょうか。㋐から㋓の中から選び、記号で答えましょう。 教71ページ6

20点(1つ10)

㋐　辺AB、辺BC、辺CD、辺DAの長さ

㋑　辺AB、辺BC、辺CD、辺DAの長さと、角Bの大きさ

㋒　辺AB、辺BCの長さと、対角線ACの長さ

㋓　辺AB、辺BC、辺CD、辺DAの長さと、対角線ACの長さ

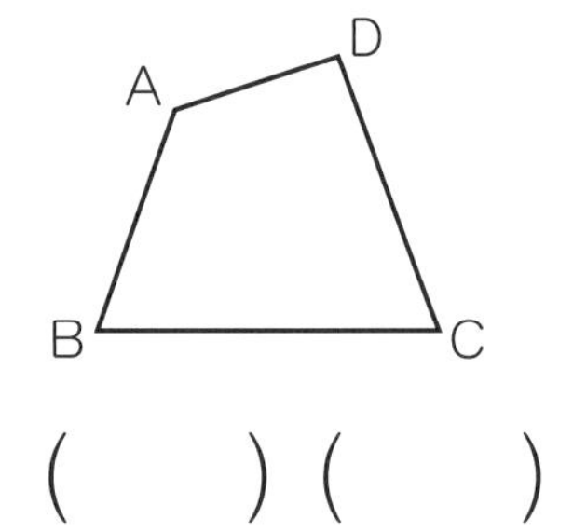

(　　　)(　　　)

2 下の図のような図形をかきましょう。 教71ページ6　40点(1つ20)

①

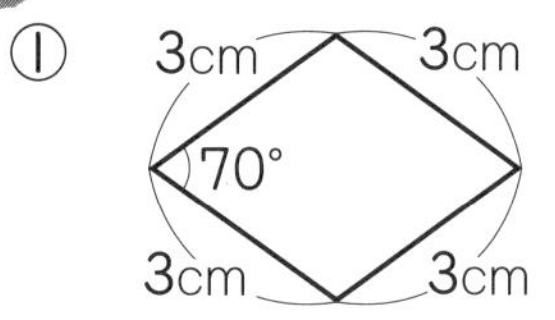

②

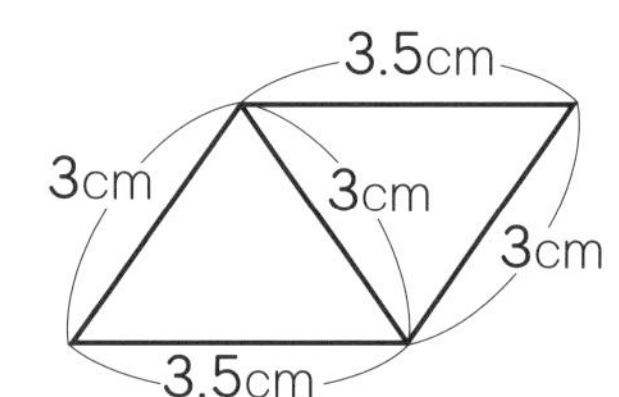

3 次の四角形をかきましょう。 教71ページ6　40点(1つ20)

①

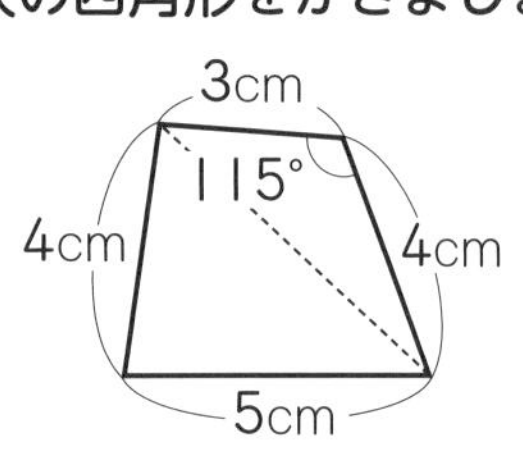

②

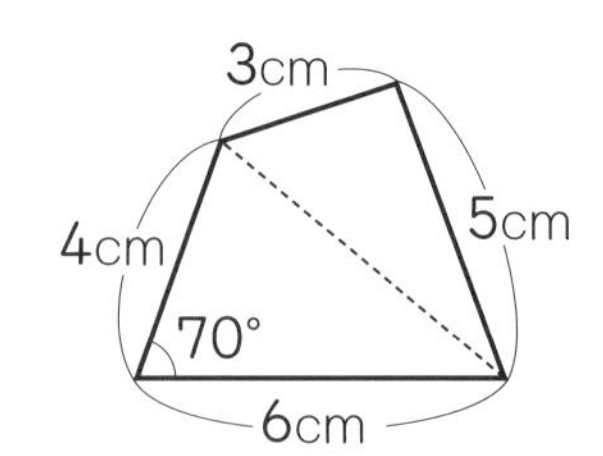

合格 80点　／100

月　日

答え 84ページ

5　合同と三角形、四角形

三角形や四角形の角

[三角形の3つの角の大きさの和は180°、四角形の4つの角の大きさの和は360°です。]

1 □にあてはまる言葉や角度を書きましょう。 教72〜75ページ 20点(1つ10)

三角形を3つに切って、それを1つの点のまわりにしきつめると、㋐□にならぶことがわかります。

三角形の3つの角の大きさの和は㋑□です。

2 □にあてはまる数や角度を書きましょう。 教76ページ3 30点(1つ10)

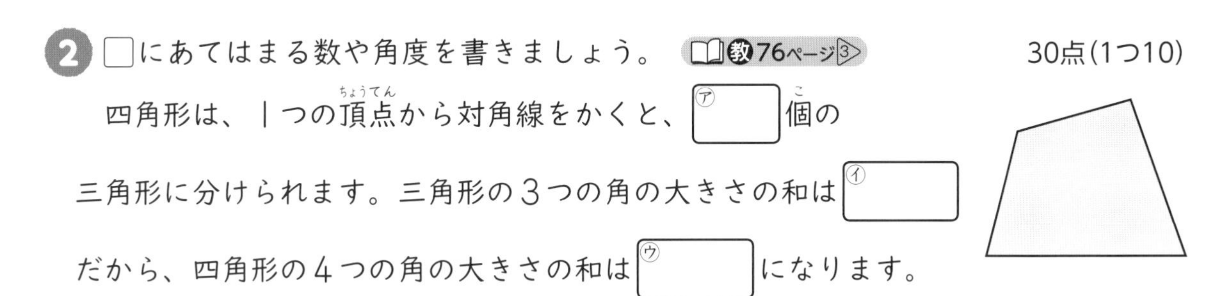

四角形は、1つの頂点(ちょうてん)から対角線をかくと、㋐□個(こ)の三角形に分けられます。三角形の3つの角の大きさの和は㋑□だから、四角形の4つの角の大きさの和は㋒□になります。

3 下のあからおの角度を求めましょう。 教78ページ⑦、⑧ 50点(1つ10)

(二等辺三角形)

あ(　　　　)　い(　　　　)　う(　　　　)

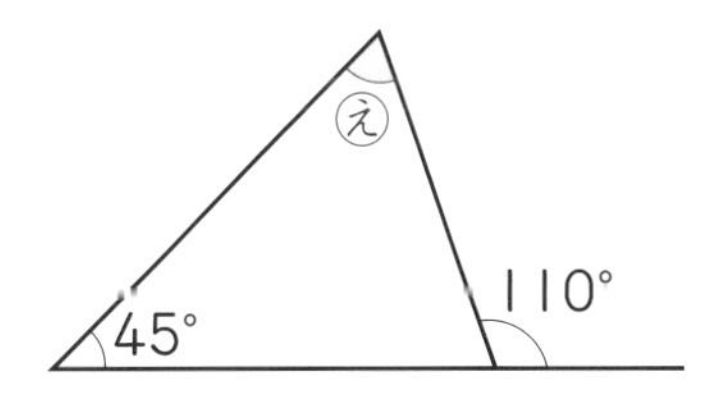

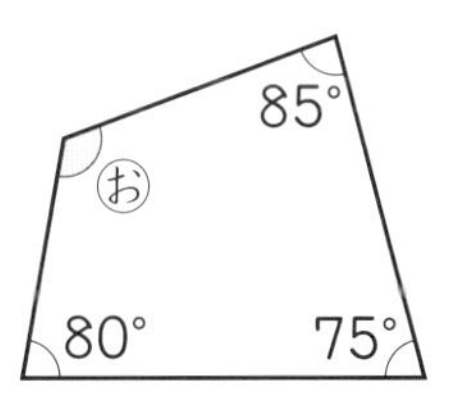

え(　　　　)　お(　　　　)

合格 80点 ／100

月　日

5　合同と三角形、四角形

1 
下のあ、い、うの角度を求めましょう。　30点(1つ10)

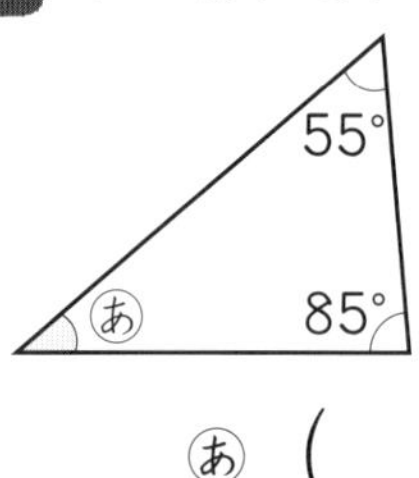

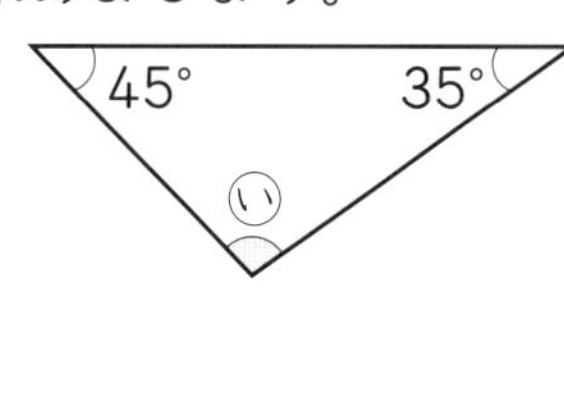

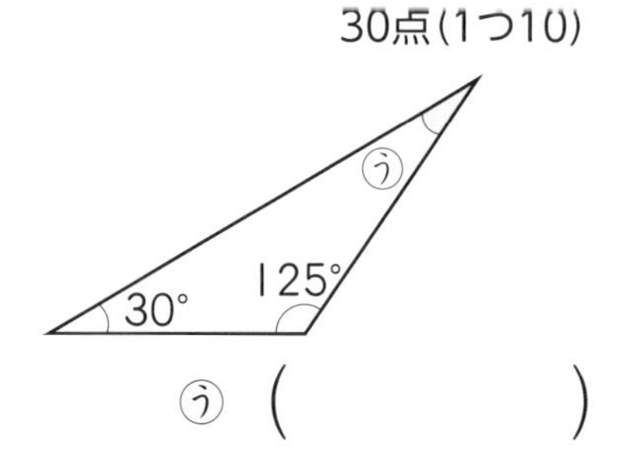

あ（　　　　）　い（　　　　）　う（　　　　）

2 下のあ、い、う、えの角度を求めましょう。　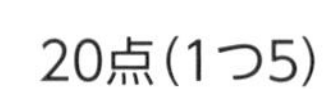
20点(1つ5)

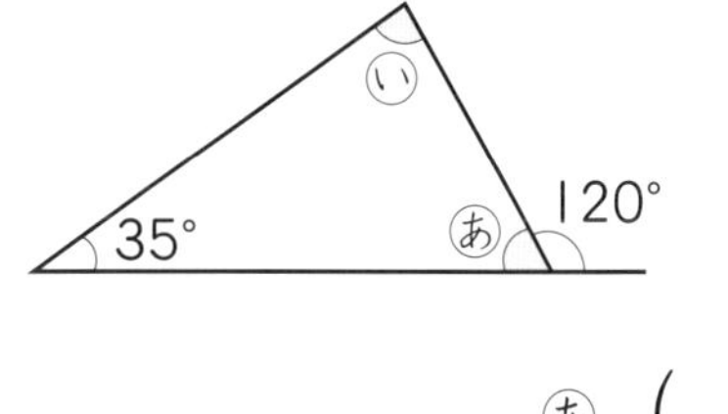

（二等辺三角形）

あ（　　　　）　う（　　　　）

い（　　　　）　え（　　　　）

3 下のあ、い、うの角度を求めましょう。　30点(1つ10)

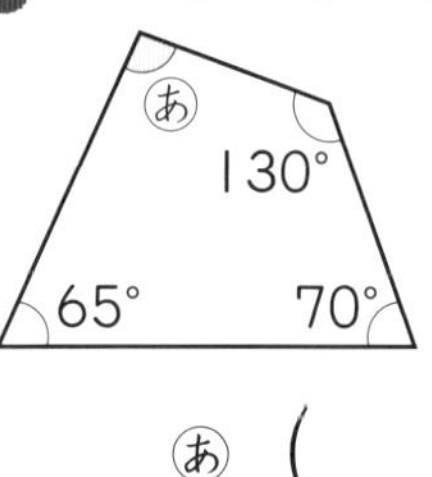

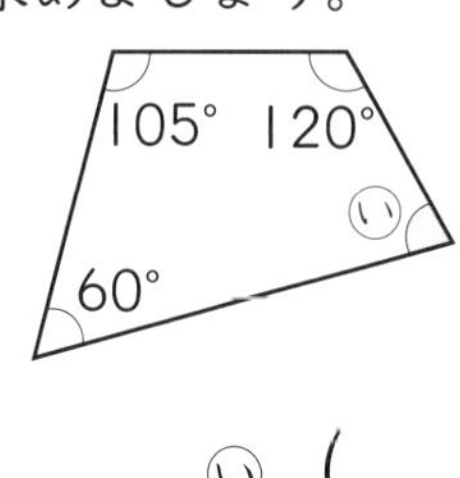

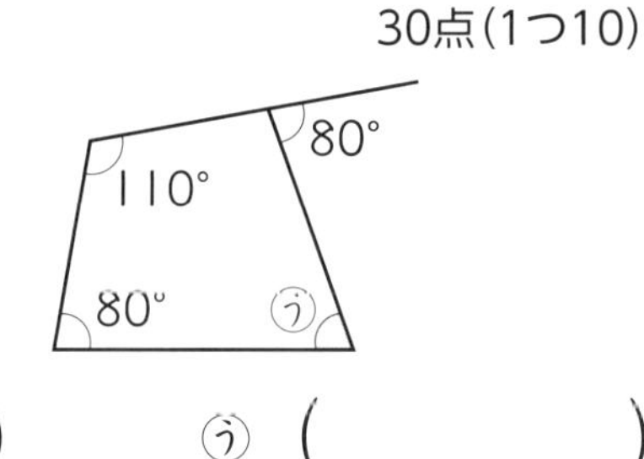

あ（　　　　）　い（　　　　）　う（　　　　）

4 **右の図は八角形です。**

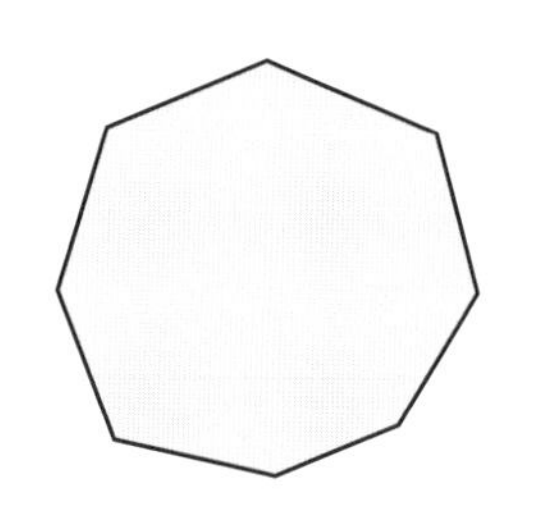

① 1つの頂点(ちょうてん)から対角線は何本かけるでしょうか。
また、何個(こ)の三角形に分けられるでしょうか。　10点(1つ5)

（　　　　）本　（　　　　）個

② 8つの角の大きさの和を求めましょう。　10点(式5・答え5)

式

答え（　　　　）

教科書 62～79ページ

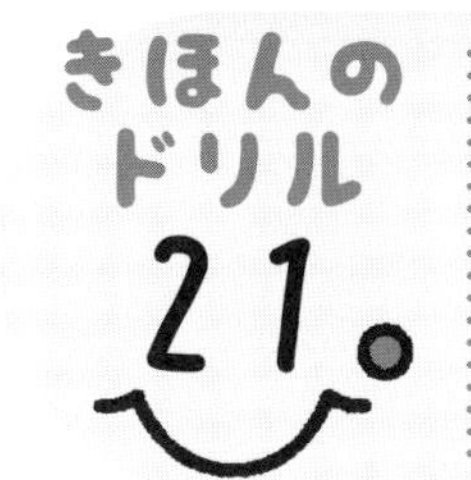

6　小数のわり算　……(1)

[わり算では、わられる数とわる数に同じ数をかけても、商は変わりません。]

1 1.4 m の代金が 98 円のリボンがあります。このリボン 1 m のねだんを考えます。□にあてはまる式や数を書きましょう。 教 82〜83ページ　20点(1つ5)

① 1 m のねだんを求める式を書きましょう。

式 □

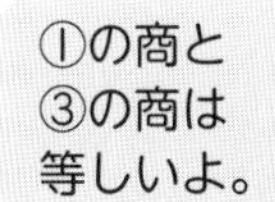

② 1 m のねだんは、14 m の代金を □ でわった数です。

③ 14 m の代金は、98×10＝980(円)だから、
（14 m：1.4 の 10 倍）

1 m のねだんは、980÷㋐[14]＝㋑□(円)になります。

2 ㋐、㋑、㋒の順に□にあてはまる数を書きましょう。 教 85ページ4、86ページ　30点(1つ5)

① 54÷1.8＝㋒□
　10倍↓　↓10倍
㋐□÷18＝㋑□　（等しい）

② 39÷0.3＝㋒□
　10倍↓　↓10倍
㋐□÷ 3 ＝㋑□　（等しい）

3 ㋐、㋑、㋒の順に□にあてはまる数を書きましょう。 教 87ページ1　30点(1つ5)

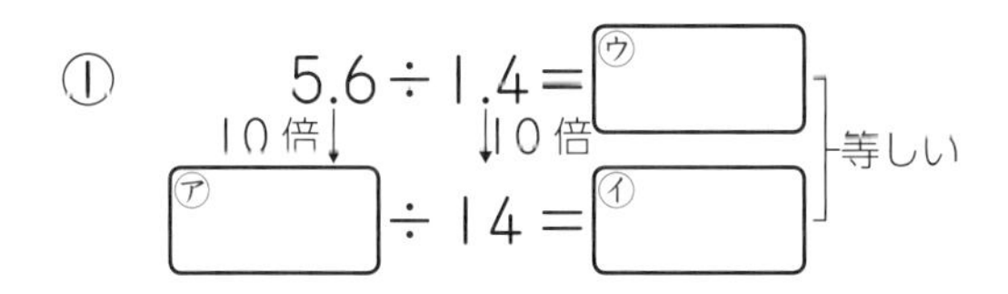

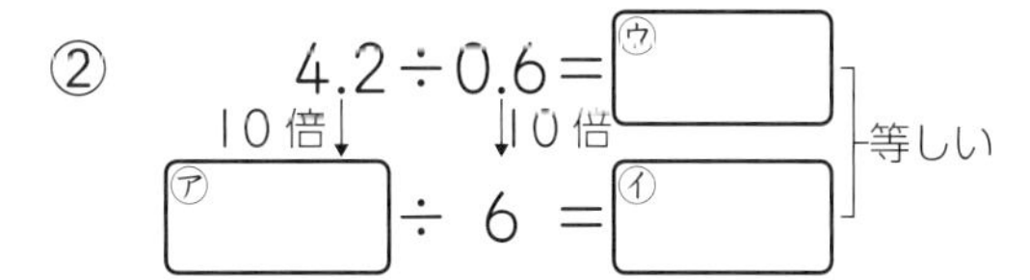

4 計算をしましょう。 教 86ページ、87ページ4　20点(1つ5)

① 68÷1.7　　② 35÷0.5

③ 7.2÷1.2　　④ 7.7÷0.7

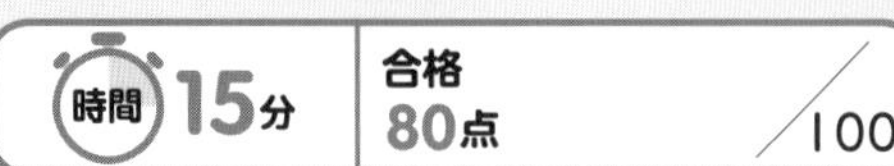

6 小数のわり算 ……(2)

[わる数とわられる数を 10 倍して、わる数を整数にします。]

1 筆算で計算をしましょう。 教87ページ2、88ページ4、5 40点(1つ8)

① $1.8 \overline{)4.5}$

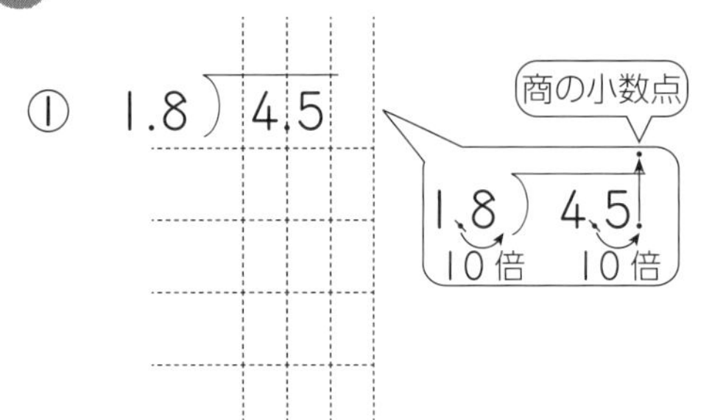

② $0.8 \overline{)14.8}$

0.8) 14.8 ⇩ 8) 148

③ $0.4 \overline{)37.6}$　④ $0.2 \overline{)1.12}$　⑤ $2.6 \overline{)6.76}$

2 筆算で計算をしましょう。 教88ページ7 60点(1つ10)

① $3.5 \overline{)2.8}$

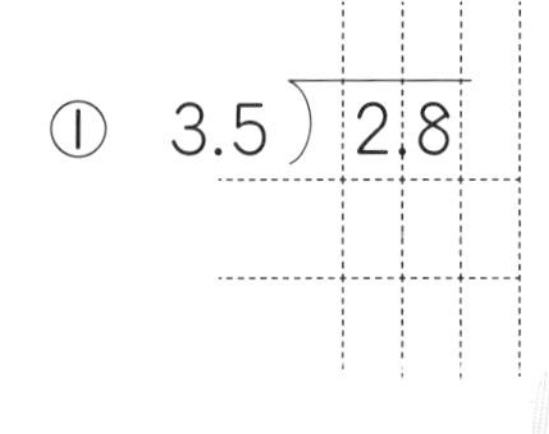

商の一の位は0だね。

② $4.5 \overline{)2.7}$　③ $9.5 \overline{)3.99}$

④ $0.2 \overline{)0.15}$　⑤ $3.6 \overline{)0.18}$　⑥ $4.5 \overline{)0.09}$

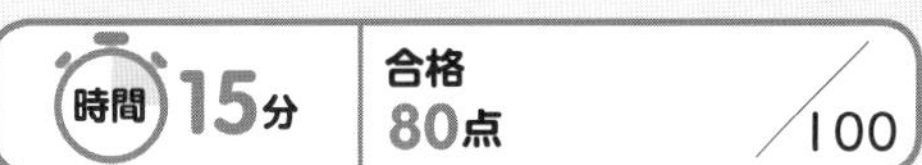

6 小数のわり算 ……(3)

[わる数の小数点を右に移して整数にします。わられる数の小数点も同じ分だけ右へ移し、商の小数点は、わられる数の移した小数点にそろえてうちます。]

1 計算をしましょう。 教89ページ6、90ページ7 60点(1つ10)

① $4.12\overline{)9.476}$

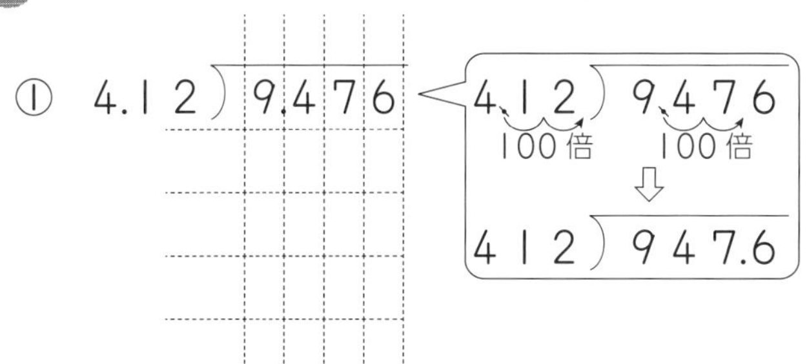

② $0.67\overline{)2.144}$

③ $0.28\overline{)0.126}$

④ $1.25\overline{)5.5}$

1.25)5.50
100倍 100倍
125)550

⑤ $1.75\overline{)0.7}$

⑥ $0.48\overline{)0.3}$

2 計算をしましょう。 教90ページ8 40点(1つ10)

15分　合格 80点　/100

月　日

サクッとこたえあわせ　答え 85ページ

6　小数のわり算　……(4)

商の大きさ／商の四捨五入

［わり算では、１より小さい数でわると、商はわられる数より大きくなります。わり算で、わりきれないときや、商が小数点以下長く続くときは、商をある位までのがい数にすることがあります。］

1 青い針金(はりがね)と赤い針金があります。　教91ページ9　30点(式5・答え1つ5)

① 青い針金は、1.2 m の重さが 8.4 g です。1 m の重さは何 g でしょうか。
また、それは 8.4 g より重いでしょうか、軽いでしょうか。

式

答え（　　　　）8.4 g より（　　　　）

② 赤い針金は、0.7 m の重さが 8.4 g です。1 m の重さは何 g でしょうか。
また、それは 8.4 g より重いでしょうか、軽いでしょうか。

式

答え（　　　　）8.4 g より（　　　　）

2 商がわられる数より大きくなる式を、すべて答えましょう。　教91ページ16　10点

㋐ 5.4÷0.9　㋑ 3.5÷1.4　㋒ 0.8÷2.5　㋓ 0.7÷0.4

（　　　　）

3 商は四捨五入(ししゃごにゅう)して、上から２けたのがい数で求めましょう。　教92ページ18

60点(1つ10)

① 2.2) 6.2　② 4.1) 9.2　③ 0.6) 7.3

④ 2.7) 6　⑤ 3.3) 17　⑥ 2.1) 3.63

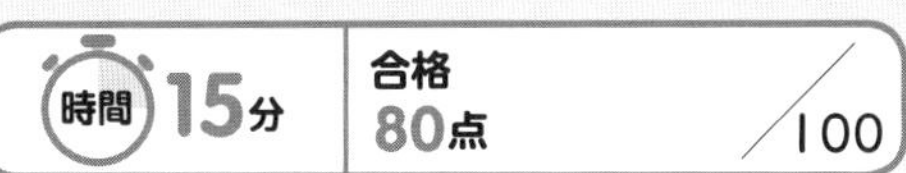

月　日

6　小数のわり算 ……(5)

あまりのあるわり算

[あまりをだすとき、その小数点はわられる数のもとの小数点にそろえてうちます。]

1 54.5 cm のリボンを 6.5 cm ずつ切って名札（なふだ）を作ります。名札は何まいできて、リボンは何 cm あまるでしょうか。 教93ページ11　35点(1つ5)

式 ㋐

答え ㋑□まいできて、㋒□cm あまる。

計算のたしかめ　わる数×商＋あまり＝わられる数

㋓□×㋔□＋㋕□＝㋖□

2 17 m のひもから 2.3 m のひもは何本とれるでしょうか。
また、何 m あまるでしょうか。 教93ページ19　15点(1つ5)

式 ㋐

答え ㋑□本できて、㋒□m あまる。

3 商を整数で求めて、あまりをだしましょう。 教93ページ　50点(1つ10)

① $0.4\overline{)2.7}$　　② $0.7\overline{)3.6}$

あまりの小数点はわられる数のもとの小数点にあわせてうつよ。

③ $1.3\overline{)32}$　　④ $0.7\overline{)0.8}$　　⑤ $3.1\overline{)7.03}$

教科書 93ページ

きほんのドリル 26。

時間 15分 合格 80点 /100

月 日

答え 86ページ

サクッとこたえあわせ

6 小数のわり算 ……(6)

倍の計算

[△は□の○倍のとき、○＝△÷□ △＝□×○ □＝△÷○]

1 175 g のリンゴ㋐があります。これは、リンゴ㋑の重さの 0.7 倍です。
リンゴ㋑の重さは何 g でしょうか。 教94ページ12 20点(式10・答え10)

式

答え ( )

2 2.1 L のジュース㋕と、1.5 L のジュース㋖があります。
ジュース㋕の体積は、ジュース㋖の体積の何倍でしょうか。 教94ページ13
20点(式10・答え10)

式

答え ( )

3 テープ㋚の長さを 3.5 倍にすると、8.4 m になります。
もとのテープ㋚の長さは何 m でしょうか。 教96ページ14 20点(式10・答え10)

式

答え ( )

4 ㋟県の 2000 年の人口は約 238 万人で、㋠県は約 505 万人でした。2010 年には、㋟県、㋠県のそれぞれの人口が約 284 万人と、約 525 万人になりました。
増え方では、どちらのほうが大きいといえるでしょうか。 教94ページ13
20点(式10・答え10)

式

答え ( )

5 ㋤市の 2000 年の人口は約 12.1 万人で、㋥市は約 9.1 万人でした。2010 年には、㋤市、㋥市のそれぞれの人口が約 13.4 万人と、約 10.2 万人になりました。
増え方では、どちらのほうが大きいといえるでしょうか。 教94ページ13
20点(式10・答え10)

式

答え ( )

まとめのドリル 27

時間 15分　合格 80点　/100

月　日

6　小数のわり算

1 わりきれるまで計算しましょう。　20点(1つ5)

① 3.5）9.1　② 7.5）2.58　③ 0.6）0.54　④ 0.75）24

2 商がわられる数より大きくなるのはどれでしょうか。すべて答えましょう。　10点

㋐ 0.9÷1.5　㋑ 2.2÷0.8　㋒ 6.3÷0.9　㋓ 0.3÷1.2

(　　　　)

3 商は四捨五入（ししゃごにゅう）して、上から2けたのがい数で求めましょう。　30点(1つ10)

① 5.3）4.6　② 0.3）7　③ 2.1）3.14

4 15Lあるジュースを、1.8Lはいるびんに入れていきます。1.8L入りのびんは何本できるでしょうか。また、何Lあまるでしょうか。　20点(1つ10)

答え ㋐□本できて、㋑□Lあまる。

5 A、Bの荷物があります。Aの重さは6.5kgで、Bの重さの2.6倍だそうです。Bの重さは何kgでしょうか。　20点(式10・答え10)

式

答え (　　　　)

教科書 82～96ページ

時間 15分　合格 80点　／100

月　日

整数と小数／体積

1 □にあてはまる数を書きましょう。　20点(1つ5)

① 69.764＝10×6＋1×9＋0.1×(ア)□＋0.01×(イ)□＋0.001×(ウ)□

② 1を3個(こ)と0.01を(エ)□個あわせた数は3.07です。

2 6.4の10倍、1000倍、$\frac{1}{100}$、$\frac{1}{1000}$の数を書きましょう。　20点(1つ5)

10倍(　　　)　1000倍(　　　)　$\frac{1}{100}$(　　　)　$\frac{1}{1000}$(　　　)

3 体積を求めましょう。　40点(1つ20)

①

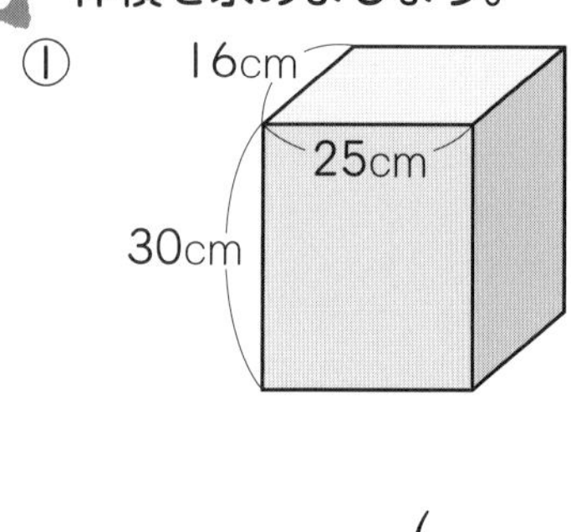

(　　　　)

②

5cm
5cm
9cm
7cm
4cm
10cm
12cm

(　　　　)

4 1辺が8cmの立方体があります。この立方体と体積が等しいたて4cm、横16cmの直方体の高さは何cmでしょうか。　20点

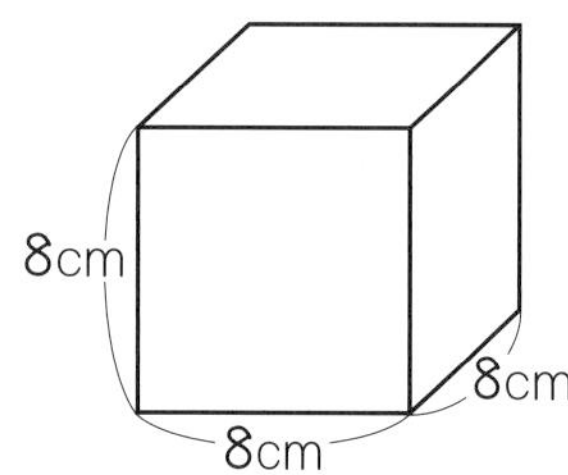

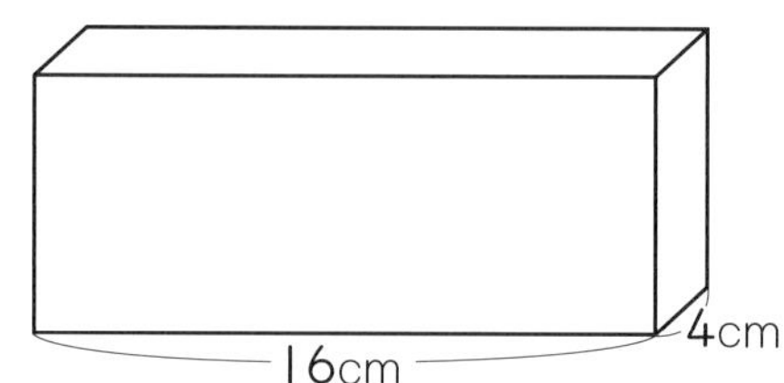

(　　　　)

夏休みの
ホームテスト
29.

時間 15分　合格 80点　／100

月　日

答え 87ページ　サクッと こたえ あわせ

2つの量の変わり方／小数のかけ算

1 ＩＬで6 m^2 のかべをぬれるペンキがあります。　20点(1つ10)

① ペンキの量○Ｌ、ぬれるかべの面積を△ m^2 として、○と△の関係を式に表しましょう。

(　　　　)

② 42 m^2 のかべをぬるには、何Ｌのペンキが必要でしょうか。

(　　　　)

2 計算しましょう。　50点(1つ10)

① 0.8×2.2　② 2.2×3.64　③ 0.8×0.7

④ 7.6×7.77　⑤ 0.06×0.22

3 Ｉｍの重さが 2.4 kg のパイプがあります。
このパイプ 1.25 m の重さは何 kg でしょうか。　20点(式10・答え10)

式

答え (　　　　)

4 くふうして計算しましょう。　10点(1つ5)

① $4\times2.5\times0.4$　② $1.2\times1.2+1.2\times3.8$

夏休みのホームテスト 30。

時間 15分　合格 80点　／100

月　日

サクッとこたえあわせ　答え 87ページ

合同と三角形、四角形／小数のわり算

1 右の２つの図形は合同です。　20点(1つ5)

① 辺EH、辺GHの長さはそれぞれ何cmでしょうか。

辺EH (　　　　　)

辺GH (　　　　　)

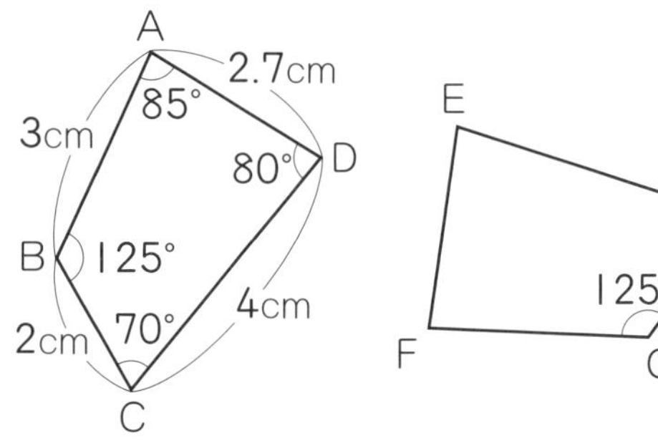

② 角E、角Fの角度はそれぞれ何度でしょうか。

角E (　　　　　)　角F (　　　　　)

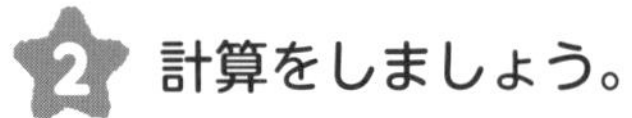

2 計算をしましょう。　30点(1つ10)

① 2.4÷1.2　② 7.13÷3.1　③ 52÷0.04

3 商は四捨五入(ししゃごにゅう)して、上から２けたのがい数でもとめましょう。　30点(1つ10)

① 4.2÷7.3　② 3.3÷4.5　③ 8.5÷2.6

4 47.5Lのジュースを3.6L入るポリタンクに入れていきます。3.6Lのポリタンクは何個(こ)できて、何Lあまるでしょうか。　20点(1つ10)

答え □個できて、□Lあまる

合格 80点　　/100

月　日

サクッとこたえあわせ

答え 87ページ

7　整数の見方

偶数と奇数

2でわったとき、わりきれる整数を偶数(ぐうすう)といい、わりきれないで1あまる整数を奇数(きすう)といいます。
0は偶数です。

1 クラスの28人を赤組、白組の2つに分けて、ドッジボールをします。
出席番号順に赤、白、赤、白、赤、……と2つの組に分けます。　教102ページ　35点(1つ5)

① □にあてはまる数を書きましょう。

赤組	1、3、5、㋐□、㋑□、11、13、……
白組	2、4、6、㋒□、10、12、㋓□、……

② 23番の人は赤組でしょうか、白組でしょうか。

(　　　　)

③ 赤組の数も白組の数も、いくつずつ増(ふ)えているでしょうか。

(　　　　)

④ 赤組の数を2でわると、あまりはいくつになるでしょうか。

(　　　　)

2 下の数直線について偶数を○で囲(かこ)みましょう。　教103ページ3　10点

20　21　22　23　24　25　26　27　28　29　30　31　32　33　34　35

3 偶数か奇数かがわかるように□にあてはまる数を書いて、式に表しましょう。
教103ページ①　10点(1つ5)

① $28=2\times\square$　　　② $51=2\times25+\square$

4 次の整数を、偶数と奇数に分けましょう。　教103ページ②　30点(1つ5)

53　68　79　112　280　431

偶数(　　　　　　)　奇数(　　　　　　)

5 かなさんのクラスは、女子が男子より1人多くて、男子の人数は偶数です。
クラスの人数は偶数でしょうか、奇数でしょうか。　教104ページ2　15点

(　　　　)

教科書 101〜104ページ

合格 80点　　/100

月　　日

サクッと こたえ あわせ

答え 88ページ

7 整数の見方

倍数 ……(1)

[ある整数を整数倍してできる数を、もとの整数の倍数(ばいすう)といいます。]

1 次の問いに答えましょう。 教106ページ③　30点(1つ10)

① 下の数直線で、3の倍数と4の倍数に○をつけましょう。

3の倍数

0 1 2 3 4 5 6 7 8 9 10 11 12 13 14 15 16 17 18 19 20 21 22 23 24 25

4の倍数

0 1 2 3 4 5 6 7 8 9 10 11 12 13 14 15 16 17 18 19 20 21 22 23 24 25

② 3と4の公倍数(こうばいすう)を上の数直線から見つけて書きましょう。

(　　　　　　)

2 次の問いに答えましょう。 教106ページ　20点(1つ10)

① 下の整数の中で、6の倍数はどれでしょうか。

1　12　16　28　30　52

(　　　　　　)

①は、6でわりきれて、商が整数になる数だね。

② 下の整数の中で、9の倍数はどれでしょうか。

7　9　15　24　49　54

(　　　　　　)

3 次の整数の倍数を、小さい順に4つ書きましょう。 教106ページ④　30点(1つ10)

① 8　　② 10　　③ 13

(　　　　　　)　(　　　　　　)　(　　　　　　)

4 (　)の中の数の公倍数を、小さい順に3つずつ書きましょう。 教107ページ⑤　20点(1つ10)

① (4、10)　　② (3、7)

大きいほうの倍数の中で小さいほうの倍数を見つけてみましょう。

(　　　　　　)　(　　　　　　)

きほんのドリル 33。

時間15分　合格80点　／100

月　日

答え 88ページ

7　整数の見方

倍数 ……(2)

[公倍数(共通な倍数)のうち、いちばん小さい公倍数を最小公倍数(さいしょうこうばいすう)といいます。]

1 (　)の中の数の最小公倍数を書きましょう。 教107ページ⑤ 30点(1つ10)

① (8、10)　② (6、7)　③ (7、28)

(　　)　(　　)　(　　)

2 下の数直線で、2と6と8の最小公倍数を見つけましょう。 教108ページ5 10点

2の倍数

0 1 2 3 4 5 6 7 8 9 10 11 12 13 14 15 16 17 18 19 20 21 22 23 24 25

6の倍数

0 1 2 3 4 5 6 7 8 9 10 11 12 13 14 15 16 17 18 19 20 21 22 23 24 25

8の倍数

0 1 2 3 4 5 6 7 8 9 10 11 12 13 14 15 16 17 18 19 20 21 22 23 24 25

(　　)

3 (　)の中の数の公倍数を、小さい順に3つずつ書きましょう。 教108ページ⑦ 30点(1つ10)

① (2、3、9)　② (2、5、6)　③ (5、8、10)

(　　)　(　　)　(　　)

4 たてが8cm、横が10cmの長方形のタイルをすき間なくならべて、できるだけ小さい正方形を作ります。正方形の1辺の長さは何cmになるでしょうか。 教109ページ6

また、タイルは何まいになるでしょうか。 30点(1つ15)

10cm
8cm

1辺 (　　)　タイル (　　)

合格 80点　　/100

月　日

サクッとこたえあわせ
答え 88ページ

7　整数の見方

約数　……(1)

[ある整数をわりきることのできる整数を、もとの整数の約数(やくすう)といいます。]

1 次の問いに答えましょう。 教112ページ3　　30点(1つ10)

① 下の数直線で、12 の約数と 18 の約数に○をつけましょう。

12 の約数　0 1 2 3 4 5 6 7 8 9 10 11 12

18 の約数　0 1 2 3 4 5 6 7 8 9 10 11 12 13 14 15 16 17 18

② 12 と 18 の公約数(こうやくすう)を書きましょう。

(　　　　　)

2 次の数の約数をすべて書きましょう。 教112ページ9　　50点(1つ10)

① 9

(　　　　　)

② 14

(　　　　　)

③ 16

(　　　　　)

④ 20

(　　　　　)

⑤ 35

(　　　　　)

1とその数自身も約数だよ。

3 次の数のうち、約数が2つだけの数はどれでしょうか。 教112ページ　　20点

4　7　15　21　26　31　39

(　　　　　)

教科書 111〜112ページ

きほんのドリル 35。

合格 80点 /100

月　日

7 整数の見方

約数 ……(2)

[公約数(共通な約数)のうち、いちばん大きい公約数を最大公約数(さいだいこうやくすう)といいます。]

1 ( )の中の数の公約数をすべて書きましょう。 教113ページ⑪ 40点(1つ10)

① (9、15)　( )

② (12、20)　( )

③ (18、30)　( )

④ (8、40)　( )

2 ( )の中の数の最大公約数を書きましょう。 教113ページ⑩ 30点(1つ10)

① (14、21)　( )

② (20、30)　( )

③ (9、36)　( )

3 たてが 30 cm、横が 42 cm の長方形の紙を、あまりがでないように切り分けて、同じ大きさの正方形を作ります。正方形をできるだけ大きくするには、1辺の長さを何 cm にすればよいでしょうか。

また、正方形は何まいできるでしょうか。

教114ページ9 20点(1つ10)

42cm
30cm

1辺 ( ) 正方形 ( )

4 キャンディー48個(こ)とグミ 36 個を、それぞれ同じ数ずつあまりがないように、ふくろに分けます。できるだけ多くのふくろに分けるには、何ふくろにすればよいでしょうか。

教114ページ⑫ 10点

( )

合格 80点 ／100

月　日

8　分数の大きさとたし算、ひき算

分数の大きさ

［分数の分母と分子に同じ数をかけても、分数の大きさは変わりません。 $\frac{\triangle}{\bigcirc}=\frac{\triangle\times\square}{\bigcirc\times\square}$］

1 下のようすは、$\frac{2}{5}$ と大きさの等しい分数の見つけ方を示(しめ)したものです。
□にあてはまる数を書きましょう。 教118ページ1　　40点(1つ5)

① 　$\frac{2}{5}$　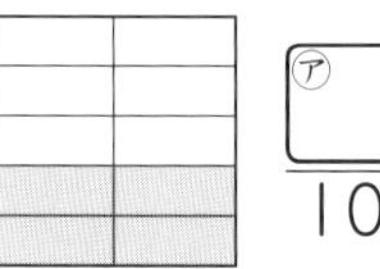　$\frac{㋐}{10}$　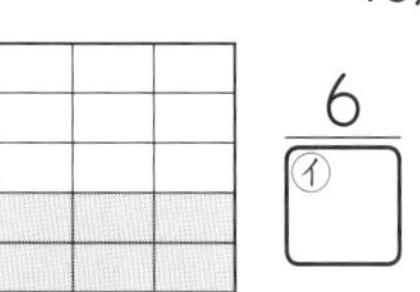　$\frac{6}{㋑}$

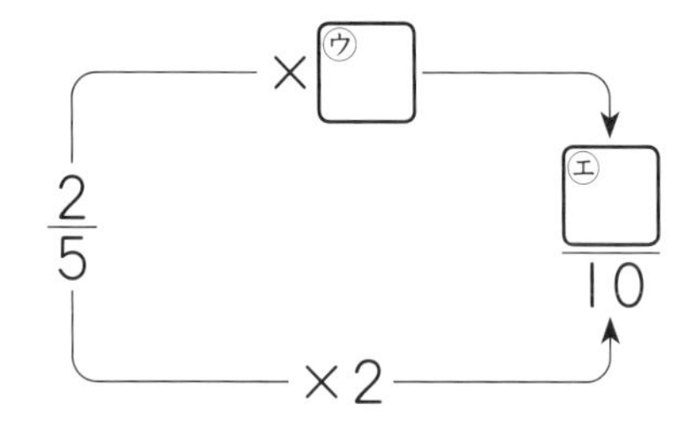

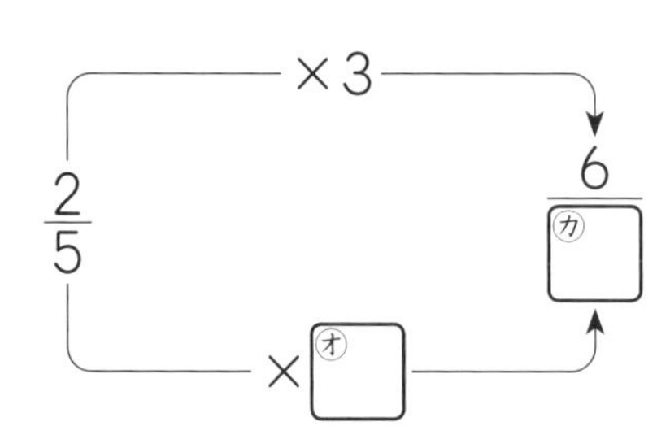

② $\frac{2}{5}$ と大きさの等しい分数をあと2つ書きましょう。

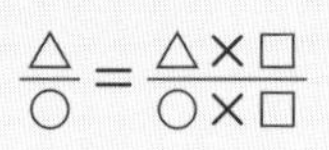

答え　$\frac{2}{5}=\frac{8}{㋖}=\frac{㋗}{25}$

2 大きさの等しい分数を2つ書きましょう。 教119ページ① 　　60点(1つ10)

① $\frac{1}{3}$　（　　　　）

② $\frac{1}{5}$　（　　　　）

③ $\frac{3}{4}$　（　　　　）

④ $\frac{4}{7}$　（　　　　）

⑤ $\frac{3}{2}$　（　　　　）

⑥ $\frac{9}{8}$　（　　　　）

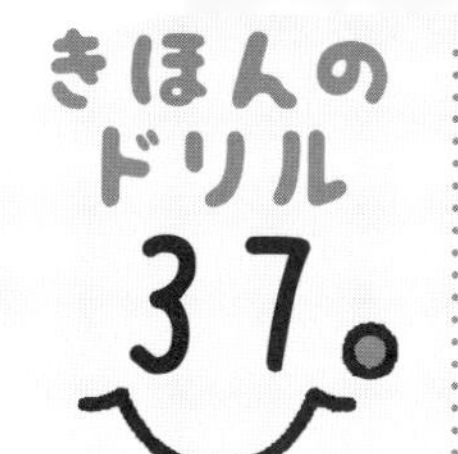

時間15分　合格80点　／100

月　日

答え 89ページ

8　分数の大きさとたし算、ひき算

約分

［分数の分母と分子を同じ数でわっても、分数の大きさは変わりません。　$\frac{\triangle}{\bigcirc}=\frac{\triangle\div\square}{\bigcirc\div\square}$］

1 下のようすは、大きさの等しい分数の見つけ方を示したものです。□にあてはまる数を書きましょう。　教118ページ1　40点（1つ5）

① 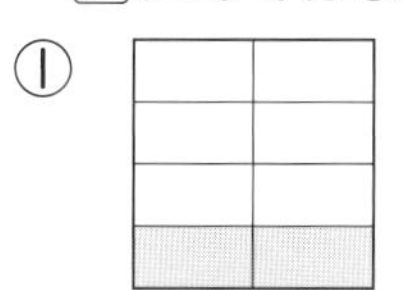 $\frac{2}{8}$ 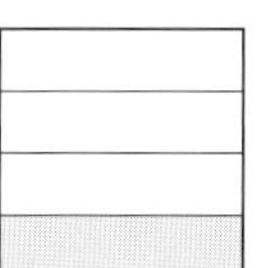 $\frac{㋐}{4}$

② 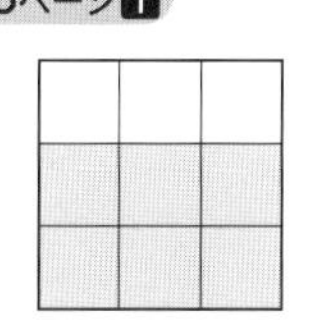 $\frac{6}{9}$ 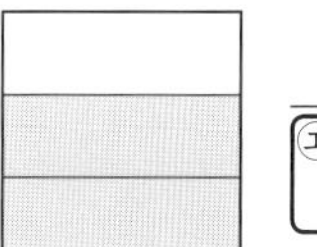 $\frac{2}{㋓}$

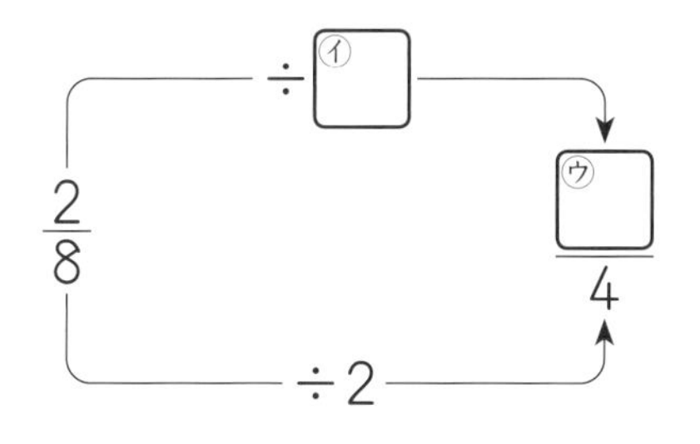

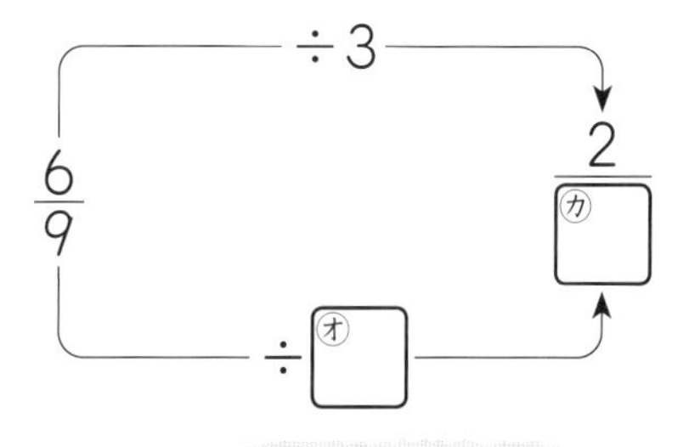

③ $\frac{18}{30}=\frac{9}{㋖}=\frac{3}{5}$　　$\frac{18}{30}=\frac{㋗}{10}=\frac{3}{5}$

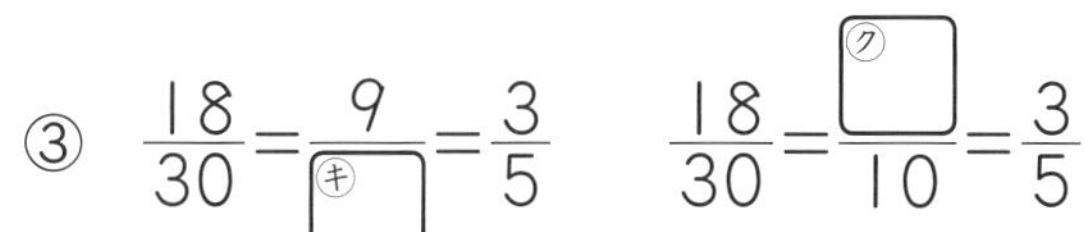

2 約分しましょう。　教120ページ②、③、④　60点（1つ5）

① $\frac{2}{4}$　② $\frac{4}{6}$　③ $\frac{3}{9}$　④ $\frac{9}{12}$

⑤ $\frac{20}{25}$　⑥ $\frac{14}{49}$　⑦ $3\frac{6}{9}$　⑧ $5\frac{6}{12}$

⑨ $\frac{24}{64}$　⑩ $\frac{24}{16}$　⑪ $\frac{45}{27}$　⑫ $\frac{56}{42}$

時間15分　合格80点　／100

月　日

サクッとこたえあわせ　答え 89ページ

8　分数の大きさとたし算、ひき算

通分

［通分（つうぶん）するとき、分母の最小公倍数を使うと、共通な分母が最も小さくなります。］

1 $\frac{3}{4}$ と $\frac{2}{3}$ の大きさを比（くら）べましょう。　教121ページ3　30点(1つ5)

① 分母が同じ分数にします。□にあてはまる数を書きましょう。

$\frac{3}{4}=\frac{㋐}{8}=\frac{㋑}{12}=\cdots\cdots$　　$\frac{2}{3}=\frac{㋒}{6}=\frac{㋓}{9}=\frac{㋔}{12}$

② $\frac{3}{4}$ と $\frac{2}{3}$ は、どちらが大きいでしょうか。

（　　　）

2 $\frac{5}{9}$ と $\frac{8}{15}$ を通分しましょう。　教122ページ4　30点(1つ10)

① 9と15の最小公倍数を求めましょう。

㋐

② 最小公倍数を共通の分母にして通分しましょう。

$\frac{5}{9}=$ ㋑　　$\frac{8}{15}=$ ㋒

3 (　)の中の分数を通分して、大きさを比べましょう。大きいほうの分数を答えましょう。　教122ページ　40点(1つ10)

① $\left(\frac{1}{3}、\frac{2}{5}\right)$　（　　　）

② $\left(\frac{3}{7}、\frac{13}{28}\right)$　（　　　）

③ $\left(\frac{5}{8}、\frac{7}{12}\right)$　（　　　）

④ $\left(\frac{4}{15}、\frac{3}{10}\right)$　（　　　）

時間 15分　合格 80点　/100

月　日

答え 89ページ

8　分数の大きさとたし算、ひき算

分数のたし算とひき算 ……(1)

[分母のちがう分数のたし算は、通分してから計算します。]

1 □にあてはまる数を書きましょう。　教123ページ5　15点(1つ5)

$\frac{1}{2}+\frac{1}{5}=\frac{㋐}{10}+\frac{㋑}{10}=㋒$

2 計算をしましょう。　教124ページ⑨、⑩　70点(1つ10)

① $\frac{4}{15}+\frac{4}{5}$

② $\frac{1}{4}+\frac{2}{7}$　③ $\frac{1}{3}+\frac{5}{8}$

④ $\frac{4}{13}+\frac{1}{2}$　⑤ $\frac{1}{8}+\frac{3}{4}$

⑥ $\frac{1}{6}+\frac{4}{5}$　⑦ $\frac{4}{9}+\frac{3}{7}$

3 水が $\frac{1}{3}$ L入ったペットボトルと、$\frac{1}{7}$ L入ったペットボトルがあります。
水は全部で何Lあるでしょうか。　教123ページ5　15点(式10・答え5)

式

答え (　　　)

教科書 123〜124ページ

時間 15分　合格 80点　/100

月　日

サクッとこたえあわせ

答え 89ページ

8　分数の大きさとたし算、ひき算

分数のたし算とひき算 ……(2)

[答えが約分できるときは、ふつう、約分します。]

1 計算をしましょう。 教125ページ⑪、⑫　　50点(1つ10)

① $\frac{1}{10}+\frac{2}{5}=\frac{1}{10}+\frac{4}{10}$

約分して答えよう。

② $\frac{1}{2}+\frac{1}{6}$

③ $\frac{9}{10}+\frac{3}{5}$

④ $\frac{2}{7}+\frac{3}{14}$

⑤ $\frac{5}{6}+\frac{4}{15}$

2 計算をしましょう。 教125ページ⑬　　50点(1つ10)

① $2\frac{5}{18}+1\frac{1}{6}=2\frac{5}{18}+1\frac{3}{18}$

整数部分に気をつけましょう。

② $\frac{3}{4}+1\frac{1}{6}$

③ $\frac{4}{9}+2\frac{1}{2}$

④ $2\frac{1}{3}+2\frac{2}{5}$

⑤ $4\frac{3}{16}+2\frac{3}{4}$

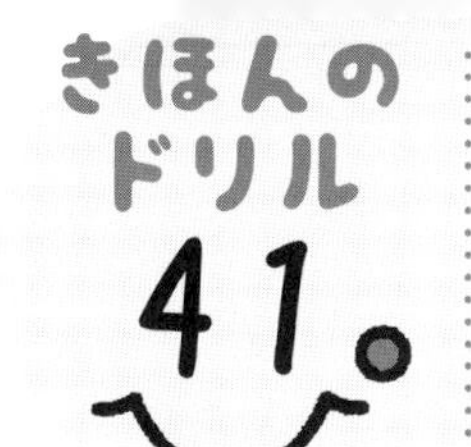

合格 80点 ／100

月　日

8　分数の大きさとたし算、ひき算

分数のたし算とひき算 ……(3)

[分母のちがう分数のひき算も、通分してから計算します。]

1 □にあてはまる数を書きましょう。 教126ページ1 　15点(1つ5)

$\frac{2}{3}-\frac{1}{4}=\frac{㋐}{12}-\frac{㋑}{12}=$ ㋒

2 計算をしましょう。 教126ページ⑭、⑮ 　25点(1つ5)

① $\frac{1}{2}-\frac{1}{5}$　② $\frac{3}{5}-\frac{1}{3}$　③ $\frac{3}{4}-\frac{4}{7}$

④ $\frac{5}{6}-\frac{3}{8}$　⑤ $\frac{8}{7}-\frac{2}{3}$

3 計算をしましょう。 教126ページ⑭、⑮ 　60点(1つ10)

① $\frac{7}{10}-\frac{1}{2}=\frac{7}{10}-\frac{5}{10}$　② $\frac{5}{6}-\frac{1}{3}$

③ $\frac{11}{12}-\frac{1}{4}$　④ $\frac{5}{9}-\frac{1}{18}$

⑤ $\frac{5}{2}-\frac{7}{10}$　⑥ $\frac{5}{3}-\frac{4}{15}$

約分できるときは
約分しておくんだね。

教科書 126ページ

合格 80点 ／100

8 分数の大きさとたし算、ひき算

分数のたし算とひき算 ……(4)

[分母のちがう分数のたし算やひき算は、通分してから計算します。]

1 計算をしましょう。 教127ページ9 40点(1つ10)

① $3\frac{1}{4}-2\frac{1}{3}=3\frac{3}{12}-2\frac{4}{12}$

$=2\frac{15}{12}-2\frac{4}{12}$

② $3\frac{1}{7}-1\frac{3}{4}$

③ $2\frac{2}{9}-\frac{5}{6}$

④ $4\frac{1}{2}-3\frac{2}{3}$

2 □にあてはまる数を書きましょう。 教127ページ10 20点(1つ5)

$\frac{1}{3}+\frac{3}{4}-\frac{1}{2}=\frac{㋐}{12}+\frac{㋑}{12}-\frac{㋒}{12}=㋓$

3 計算をしましょう。 教127ページ⑱、⑲ 40点(1つ10)

① $\frac{5}{6}-\frac{2}{3}+\frac{1}{4}$

② $\frac{8}{9}-\frac{1}{2}-\frac{1}{3}$

③ $\frac{5}{6}-\frac{2}{5}+\frac{1}{2}$

④ $\frac{1}{3}+\frac{2}{7}-\frac{1}{2}$

教科書 127ページ

合格 80点 /100

月　日

8　分数の大きさとたし算、ひき算

1 約分しましょう。　20点(1つ5)

① $\frac{9}{6}$　② $\frac{12}{20}$　③ $\frac{28}{42}$　④ $\frac{35}{80}$

2 数の大小を比(くら)べて、□に等号か不等号を書きましょう。　30点(1つ10)

① $\frac{2}{5}$ □ $\frac{3}{8}$　② $\frac{4}{7}$ □ $\frac{12}{21}$　③ $\frac{1}{4}$ □ $\frac{5}{18}$

3 計算をしましょう。　50点(1つ5)

① $\frac{3}{4}+\frac{1}{5}$

② $\frac{1}{6}+\frac{3}{8}$

③ $\frac{1}{3}+\frac{5}{12}$

④ $3\frac{8}{15}+\frac{3}{10}$

⑤ $\frac{6}{7}-\frac{2}{3}$

⑥ $\frac{7}{10}-\frac{6}{25}$

⑦ $\frac{5}{6}-\frac{7}{18}$

⑧ $1\frac{3}{4}-\frac{5}{6}$

⑨ $\frac{1}{2}+\frac{2}{3}-\frac{5}{6}$

⑩ $\frac{11}{12}-\frac{2}{3}-\frac{1}{8}$

教科書 117〜127ページ

答え 90ページ

9 平均 ……(1)

[平均＝合計÷個数]

1 りんごを5個しぼったら、それぞれ次のような量のジュースがとれました。
りんご1個からとれるジュースは何mLと考えられるでしょうか。 教131ページ1

20点(式10・答え10)

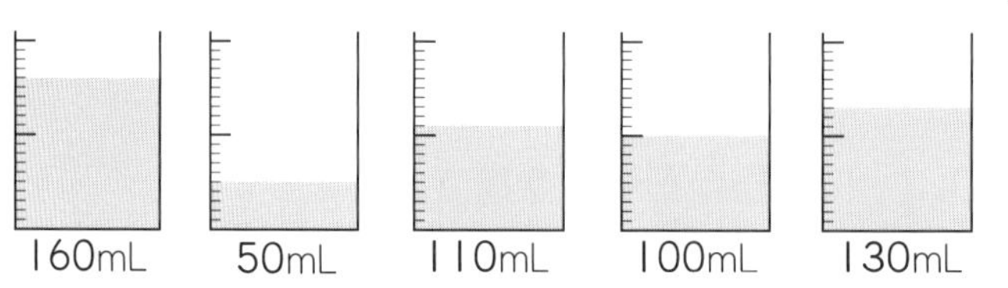

式

答え（　　　　）

2 きゅうりが40本とれました。そのうち何本かの重さをはかって平均を調べたら、115gでした。
きゅうり全部では、何gと考えられるでしょうか。 教133ページ②

20点(式10・答え10)

式

答え（　　　　）

3 32個とれたじゃがいものうち5個の重さをはかったら、800gでした。

教133ページ③　60点(式20・答え10)

① じゃがいも1個の重さは平均何gでしょうか。

式

答え（　　　　）

② じゃがいも32個の重さは何gと考えられるでしょうか。

式

答え（　　　　）

時間 15分　合格 80点　/100

月　日

サクッとこたえあわせ

答え 90ページ

9 平均 ……(2)

[ふつうは小数で表せない人数や個数(こすう)も、平均(へいきん)では小数で表すことがあります。]

1 算数テストを4回やったところ、1回の点数の平均が75点になりました。
5回めとして、もう1回やったところ、点数は90点でした。
5回の算数テストでは、1回の点数の平均は何点になるでしょうか。

教134ページ2　20点(式10・答え10)

式

答え（　　　　）

2 下の表は、1週間にとれたトマトの個数を表しています。

1週間にとれたトマトの数

曜日	日	月	火	水	木	金	土
個数(個)	23	19	0	25	19	24	17

1日にとれたトマトは、平均何個でしょうか。四捨五入(ししゃごにゅう)して、$\frac{1}{10}$の位までのがい数で求めましょう。　教135ページ3　20点(式10・答え10)

式

答え（　　　　）

活用

3 あいさんが10歩(ぽ)歩いた長さを調べたら、4mでした。　教138ページ

60点(式15・答え15)

① あいさんの歩はばの平均は何mでしょうか。

式

答え（　　　　）

② あいさんが校舎(こうしゃ)のはしからはしまで歩いたら150歩ありました。
校舎の長さは、約何mと考えられるでしょうか。

式

答え（　　　　）

合格 80点 ／100

月　日

サクッとこたえあわせ

10　単位量あたりの大きさ

単位量あたりの大きさ ……(1)

[こみぐあいは、1 m² あたりの人数や1人あたりの面積など、単位量あたりの大きさで比(くら)べます。]

1 **東町公園にはあ、い、うの3つの砂場(すなば)があります。砂場の面積と、そこで遊んでいる子どもの数は、右の表のとおりです。** 教142〜145ページ　70点(1つ10)

砂場の面積と遊んでいる人数

砂場	面積(m²)	人数(人)
あ	4	5
い	4	6
う	5	6

① あといでは、どちらがこんでいるでしょうか。

(　　　　)

② いとうでは、どちらがこんでいるでしょうか。

(　　　　)

③ あとうについて、1 m² あたりの人数を調べましょう。

あ(　　　　)　う(　　　　)

④ あとうについて、1人あたりの面積を調べましょう。

あ(　　　　)　う(　　　　)

$\frac{1}{100}$の位までのがい数で

⑤ あとうでは、どちらがこんでいるでしょうか。

(　　　　)

2 2台のエレベーターの面積と乗っている人数は、下の表のとおりです。
1号機と2号機では、どちらがこんでいるでしょうか。 教142〜145ページ　30点

エレベーターの面積と乗っている人数

	面積(m²)	人数(人)
1号機	5	8
2号機	8	12

(　　　　)

15分　合格 80点　/100

月　日

サクッとこたえあわせ

答え 90ページ

10 単位量あたりの大きさ

単位量あたりの大きさ ……(2)

[1 km² あたりの人口を人口密度といいます。]

1 右の表は京都府と奈良県の人口と面積を表しています。 教148ページ2

50点(式1つ10・答え1つ10)

① 1 km² あたりの人口を、四捨五入して、一の位までのがい数で求めましょう。

京都府と奈良県の人口と面積(2023年)

	人口(人)	面積(km²)
京都府	2536995	4612
奈良県	1295681	3691

京都府

式

答え (　　　　　)

奈良県

式

答え (　　　　　)

1 km² あたりの人口が多い方がこんでいるよ。

② どちらがこんでいるでしょうか。

(　　　　　)

2 神奈川県川崎市の 2022 年の人口は 1540890 人で、面積は 144 km² です。川崎市の人口密度を、四捨五入して、一の位までのがい数で求めましょう。

教148ページ1 30点(式15・答え15)

式

答え (　　　　　)

3 栃木県宇都宮市の 2022 年の人口密度は 1235 人です。**2** で求めた神奈川県川崎市と比べてどちらのほうがこんでいるでしょうか。 教148ページ2 20点

(　　　　　)

時間 15分　合格 80点　/100

月　日

答え 90ページ

10　単位量あたりの大きさ

単位量あたりの大きさ ……(3)

[単位量あたりの大きさをもとに、ある量の大きさなどを計算することができます。]

1 1.4 L で 4 m^2 ぬれる白のペンキと、2.5 L で 7 m^2 ぬれる赤のペンキがあります。どちらのペンキがよくぬれるといえるでしょうか。 教149ページ3 20点

(　　　　)

2 ガソリン 1 L あたり 15 km 走る自動車があります。8 L のガソリンで何 km 走るでしょうか。 教151ページ5 20点(式10・答え10)

式

答え (　　　　)

3 ガソリン 1 L あたり 14 km 走る自動車があります。350 km 走るには、何 L のガソリンが必要でしょうか。 教151ページ4

30点(1つ10)

① 必要なガソリンの量を□ L として、式をつくりましょう。

式 ㋐[　　] × □ = ㋑[　　]

② 上の式で□にあてはまる数を求めましょう。答えは何 L でしょうか。

答え (　　　　)

4 2.5 L で 12 m^2 のかべをぬれるペンキがあります。 教151ページ4 30点(1つ10)

① 1 L でぬれるかべの面積は何 m^2 でしょうか。

(　　　　)

② 15 L では何 m^2 のかべをぬることができるでしょうか。

(　　　　)

③ 300 m^2 のかべをぬるには、何 L のペンキが必要でしょうか。

(　　　　)

合格 80点 ／100

月　日

答え 91ページ　サクッとこたえあわせ

10　単位量あたりの大きさ

速さ　……(1)

［１分間あたりに進んだ道のりや、１km 進むのにかかった時間で、速さを比(くら)べることができます。］

1 右の表は、ひろきさんたちが家から公園へ行ったときの、道のりとかかった時間を表しています。 教153～154ページ5　70点(1つ10)

	道のり(km)	時間(分)
ひろき	0.8	5
じゅん	0.9	5
たくや	0.8	4

① ひろきさんとじゅんさんでは、どちらのほうが速く走ったでしょうか。

（　　　　）

② ひろきさんとたくやさんではどちらのほうが速く走ったでしょうか。

（　　　　）

③ じゅんさんとたくやさんについて、１分間あたりに進んだ道のりを求めましょう。

じゅん（　　　　）　たくや（　　　　）

④ じゅんさんとたくやさんについて、１km 進むのにかかった時間を求めましょう。

四捨五入(ししゃごにゅう)して上から2けたのがい数で

じゅん（　　　　）　たくや（　　　　）

⑤ じゅんさんとたくやさんでは、どちらのほうが速く走ったでしょうか。

（　　　　）

2 右の表は、新幹線(しんかんせん)が走った道のりとかかった時間を表しています。
それぞれが１時間あたりに進む道のりを、四捨五入して一の位までのがい数で求めましょう。 教155ページ6　30点(1つ10)

	道のり(km)	時間(時間)
のぞみ号	821	4
とき号	301	2
はやて号	593	3

のぞみ号（　　　　）

とき号（　　　　）

はやて号（　　　　）

15分 合格 80点 /100

月　日

サクッとこたえあわせ

答え 91ページ

10 単位量あたりの大きさ
速さ ……(2)

[速さ＝道のり÷時間]

1 次の速さを求めましょう。 教156ページ3 40点(式10・答え10)

① 2000 m を 25 分で歩く人の分速(ふんそく)

式

答え (　　　　)

② 50 m を 8 秒で走る人の秒速(びょうそく)

式

答え (　　　　)

2 新幹線(しんかんせん)こだま号は 234 km を 2 時間で走りました。 教156ページ7 30点(式5・答え5)

① 時速(じそく)何 km でしょうか。

式

答え (　　　　)

② 分速何 km でしょうか。

式

答え (　　　　)

③ 秒速何 m でしょうか。

式

答え (　　　　)

1 時間＝60 分
1 分＝60 秒

3 下のあからうの中から、等しい速さを選びましょう。 教157ページ8 30点(1つ15)

① 分速 300 m と等しい速さ

あ 時速 6 km　　い 時速 18 km　　う 秒速 6 m

(　　　　)

② 時速 240 km と等しい速さ

あ 分速 4 km　　い 分速 6 km　　う 秒速 400 m

(　　　　)

合格 80点 ／100

月　日

サクッとこたえあわせ

答え 91ページ

10　単位量あたりの大きさ

速さ ……(3)

[道のり＝速さ×時間]

1 次の道のりを求めましょう。 教158ページ8 30点(式5・答え5)

① 時速 45 km で走っている自動車は、4時間で何 km 進むでしょうか。

式

答え（　　　　　）

② 分速 70 m の速さで 20 分間歩きました。歩いた道のりを求めましょう。

式

答え（　　　　　）

③ 音は空気中を秒速 340 m の速さで進みます。5秒間で何 m 進むでしょうか。

式

答え（　　　　　）

2 分速 65 m の速さで歩いています。 教158ページ9 30点(式5・答え10)

① 40 分間歩くと、何 m 進むでしょうか。

式

答え（　　　　　）

② 1時間歩くと、何 km 進むでしょうか。

式

答え（　　　　　）

3 次の道のりを、(　)内の単位をつけて求めましょう。 教158ページ10

40点(式10・答え10)

① 時速 90 km で走る自動車が、30 分間で進む道のり。(km)

式

答え（　　　　　）

② 秒速 26 m で走る特急電車が、1.5 分間で進む道のり。(m)

式

答え（　　　　　）

教科書 158ページ

時間 15分　合格 80点　/100

月　日

10　単位量あたりの大きさ

速さ ……(4)

答え 91ページ

[時間＝道のり÷速さ]

1 時速 60 km で走っている自動車は、150 km の道のりを進むのに何時間かかるでしょうか。 教159ページ9

20点(①1つ5、②10)

① かかる時間を△時間として式に表しました。
□にあてはまる数を書きましょう。

㋐□×△＝㋑□

速さ＝道のり÷時間
⬇
道のり＝速さ×時間
⬇
時間＝道のり÷速さ

② △の値(あたい)を求めましょう。

(　　　　)

2 かかる時間を求めましょう。 教159ページ

80点(式10・答え10)

① 時速 70 km で 280 km 走ると、何時間かかるでしょうか。

式

答え (　　　　)

② 分速 120 m で 3000 m 走ると、何分かかるでしょうか。

式

答え (　　　　)

③ 時速 75 km で 60 km 走ると、何分かかるでしょうか。

式

答え (　　　　)

④ 分速 80 m で 1.6 km 歩くと、何分かかるでしょうか。

式

答え (　　　　)

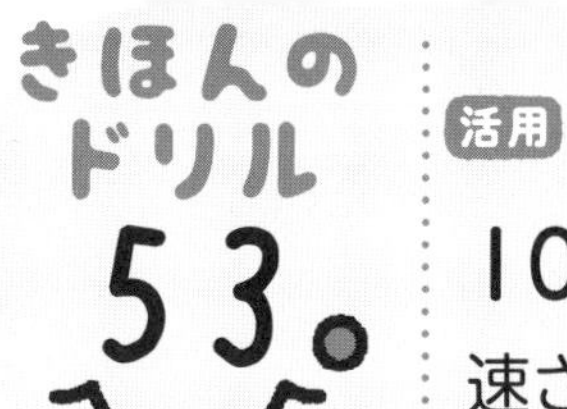

活用

10 単位量あたりの大きさ

速さ ……(5)

1 りえさんは、1分間に歩く道のりを調べて、自分が歩く速さは分速 65 m だとわかりました。 教 160ページ 50点(1つ25)

① りえさんが家から公園まで歩いてみたところ、6分かかりました。
家から公園までの道のりを求めましょう。

(　　　　)

② りえさんの家から図書館までは 1170 m あります。
りえさんが 10 時に家を出発すると、何時何分に図書館に着くでしょうか。

道のりから、かかる時間がわかりますね。

(　　　　)

2 ひろとさんは、12 時までに駅に着きたいと思っています。ひろとさんの家から駅までは 1.4 km あります。11 時 40 分に家を出発して、10 分たったところで「駅まで 800 m」の標識（ひょうしき）がありました。 教 160ページ 50点(1つ25)

① ひろとさんの歩く速さを求めましょう。

(　　　　)

② ひろとさんは、このまま同じ速さで歩きつづけて 12 時にまにあうでしょうか。

ひろとさんは、1.4 km 歩くのに何分かかるかな？

残りの 800 m を 10 分で行けるかどうかを調べてもいいね。

(　　　　)

教科書 160ページ

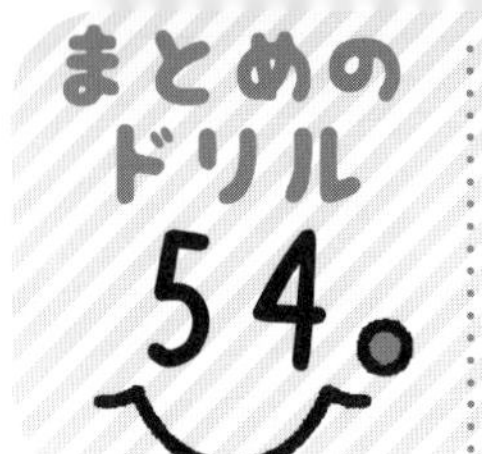

合格 80点 ／100

月　日

サクッとこたえあわせ

答え 91ページ

10　単位量あたりの大きさ

1 ガソリン1Lあたり18km走る自動車があります。また、ガソリン1Lが130円とします。この自動車で360km走るには、ガソリンを何円分給油する必要があるでしょうか。　30点

（　　　　　）

2 神奈川県横浜市の人口は3771611人で、面積は437km²です。大阪府守口市の人口は141264人で、面積は13km²です。それぞれの人口密度を四捨五入して、一の位までのがい数で求めましょう。

また、どちらのほうがこんでいるでしょうか。　30点(1つ10)

横浜市の人口密度（　　　　　）

守口市の人口密度（　　　　　）

こんでいるほうは、（　　　　　）

3 ゆきさんの家から駅までは1.2kmで、歩くと20分かかります。　40点(1つ20)

① ゆきさんの歩く速さは、分速何mでしょうか。

（　　　　　）

② ゆきさんは、家から図書館まで歩いて行くのに36分かかりました。家から図書館までは何kmあるでしょうか。

（　　　　　）

教科書 142〜160ページ

合格 80点 ／100

月　日

答え 92ページ

11　わり算と分数

商を表す分数／分数と小数、整数……(1)

［整数どうしのわり算の商は、分数で表すことができます。分数を小数で表すには、分子を分母でわります。］

1 5Lのジュースを3等分すると、1つ分の量は何Lになるでしょうか。分数で表しましょう。 教164ページ 20点(1つ5)

① 5Lを3等分した量は、

$\frac{1}{3}$Lの㋐□つ分で、$\frac{㋑□}{3}$Lです。

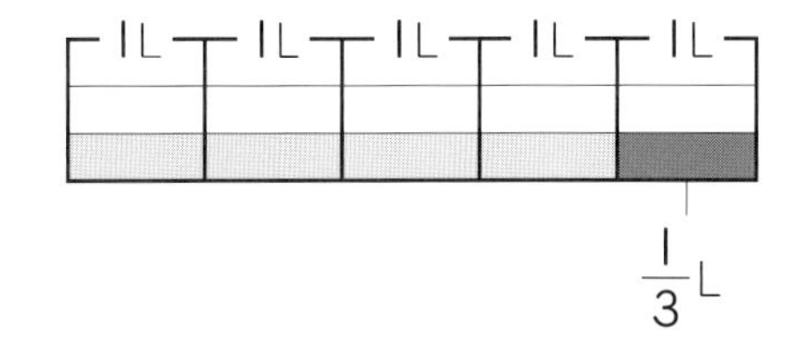

② 式と答えは、次のようになります。

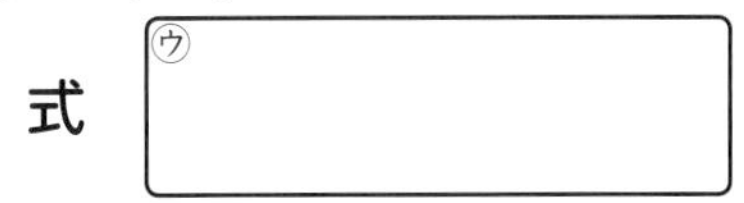

式 ㋒□　　答え ㋓□L

2 商を分数で表しましょう。 教165ページ② 20点(1つ5)

① 1÷3　　② 2÷7　　③ 5÷6　　④ 4÷9

3 4mのひもを5等分すると、1本分の長さは何mになるでしょうか。 教166ページ1 30点(1つ15)

① 分数で表しましょう。

(　　　　)

② 小数で表しましょう。

(　　　　)

4 次の分数を小数で表しましょう。わりきれないときは、答えを四捨五入(ししゃごにゅう)して、$\frac{1}{100}$の位までのがい数で表しましょう。 教166ページ5 30点(1つ10)

① $\frac{3}{4}$　　② $\frac{7}{10}$　　③ $\frac{8}{9}$

きほんのドリル 56。

合格 80点 /100

月　日

11　わり算と分数

分数と小数、整数 ……(2)

［小数は 10、100、…を分母とする分数で表すことができます。整数は 1 を分母とする分数で表すことができます。］

1 赤のリボンが $\frac{4}{7}$ m、白のリボンが 0.6 m あります。 教 166ページ 3　30点(1つ15)

① 赤のリボンの長さを、四捨五入(ししゃごにゅう)して $\frac{1}{100}$ の位までのがい数で表しましょう。

（　　　　　）

② どちらのリボンが長いでしょうか。

（　　　　　）

2 1.53 を分数で表しましょう。 教 167ページ 4　15点(1つ5)

$0.01=\frac{1}{㋐\square}$ だから、$1.53=\frac{㋑\square}{㋒\square}$

3 次の小数や整数を分数で表しましょう。 教 167ページ 4、5　25点(1つ5)

① 0.9　② 1.3　③ 1.9

④ 3　⑤ 18

4 数の大小を比(くら)べて、□に等号か不等号を書きましょう。 教 167ページ ⑦　30点(1つ10)

① $0.6\ \square\ \frac{2}{3}$　② $0.9\ \square\ \frac{19}{22}$　③ $0.45\ \square\ \frac{9}{20}$

時間15分　合格80点　/100

月　日

答え 92ページ

サクッとこたえあわせ

11　わり算と分数

分数倍

[何倍かを表す数が分数になることもあります。]

1 みかんジュースが8L、りんごジュースが7L、ぶどうジュースが2Lあります。

教168ページ6　60点(式10・答え10)

① みかんジュースの量は、りんごジュースの量の何倍でしょうか。

式

答え（　　　　）

② ぶどうジュースの量は、りんごジュースの量の何倍でしょうか。

式

答え（　　　　）

③ ぶどうジュースの量は、みかんジュースの量の何倍でしょうか。

式

答え（　　　　）

2 赤のリボンが9m、白のリボンが13mあります。教168ページ

40点(式10・答え10)

① 赤のリボンの長さは、白のリボンの長さの何倍でしょうか。

式

答え（　　　　）

② 白のリボンの長さは、赤のリボンの長さの何倍でしょうか。

式

答え（　　　　）

教科書 168ページ

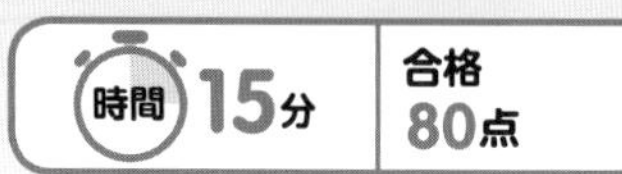

月　日

12　割合

割合の表し方

[割合(わりあい)＝比(ひ)かく量÷基準量(きじゅん)]

1 Ａ、Ｂの野球チームがあります。Ａチームは18試合で10回勝ちました。またＢチームは25試合で17回勝ちました。

成績(せいせき)がよいといえるのはどちらのチームでしょうか。 教175ページ1

25点（式15・答え10）

式

答え（　　　　　）

2 あすかさんの学校の５年生の人数は75人で、今日欠席した人数の割合は0.08でした。

今日欠席したのは何人でしょうか。 教177ページ4

25点（式15・答え10）

式

答え（　　　　　）

3 りょうまさんの体重は40kgです。また、りょうまさんのお父さんの体重は72kgで、りょうまさんの弟の体重は24kgです。 教178ページ2

① りょうまさんの体重に対するお父さんの体重の割合を求めましょう。

25点（式15・答え10）

式

答え（　　　　　）

② 弟の体重に対するお父さんの体重の割合を求めましょう。

25点（式15・答え10）

式

答え（　　　　　）

きほんのドリル 59。

合格 80点 /100

月　日

サクッとこたえあわせ

答え 92ページ

12　割合

百分率

[割合を表す数の 0.01 を 1 パーセントといい、1 % と書きます。パーセントで表した割合を、百分率といいます。また、割合を表す 0.1 を 1 割ということもあります。]

1 5年生の人数は 75 人です。アンケートでは、そのうちの 54 人が、「理科が好き」と答えました。 教179ページ3

① 理科が好きな人の割合を求めましょう。20点(式10・答え10)

式

答え (　　　　)

② この割合を百分率で表しましょう。　　10点

(　　　　)

2 あつしさんはクイズ大会に出場して、50 問中 6 問正解しました。正解の割合を求めて、百分率と歩合で表しましょう。 教180ページ④　　40点(式10・答え1つ15)

式

百分率 (　　　　)

歩合 (　　　　)

3 小数や整数で表された割合を百分率で、百分率で表された割合を小数で表しましょう。
教180ページ⑤　30点(1つ5)

① 0.05　(　　　　)

② 0.32　(　　　　)

③ 1　(　　　　)

④ 48 %　(　　　　)

⑤ 130 %　(　　　　)

⑥ 23.5 %　(　　　　)

時間 15分　合格 80点　／100

月　日

答え 92ページ

サクッとこたえあわせ

12 割合

百分率を使って ……(1)

[比かく量＝基準量×割合]

1 ある学校の児童 300 人に、いちばん好きな食べ物をきいたところ、28 % の人が「カレーライス」と答えたそうです。「カレーライス」と答えた児童は何人でしょうか。
□にあてはまる数や式を書きましょう。 教182ページ5　30点(1つ10)

300 人の 28 % は、300 人の ㋐□ 倍のことです。

式 ㋑□

答え ㋒□ 人

基準量は 300 人。
比かく量を求めるよ。

2 ある動物園の入園料は、大人が 800 円で子どもがその 55 % です。
子どもの入園料は何円でしょうか。 教182ページ5　30点(式15・答え15)

式

答え（　　　）

よく読んで！

3 けんたさんの家の畑で、昨日とったトマトの数は 90 個でした。 教183ページ6
40点(式10・答え10)

① おとといとったトマトの数は、昨日とったトマトの数の 90 % でした。
おとといとったトマトは何個でしょうか。

式

答え（　　　）

② 今日は、昨日とったトマトの数の 130 % のトマトをとる予定です。
何個とる予定でしょうか。

式

答え（　　　）

時間15分　合格80点　／100

月　日

サクッとこたえあわせ　答え 93ページ

12　割合

百分率を使って　……(2)

[基準量＝比かく量÷割合]

1 5年生の人数は 72 人で、これは学校全体の人数の 16 % にあたります。
学校全体の人数は何人でしょうか。　教183ページ6　40点(式1つ15・答え10)

① 学校の全体の人数を□人として式に表しましょう。

式　□×［　　］＝72

② □にあてはまる数を求めましょう。

式

答え（　　　　）

2 緑公園のしばふの面積は 6300 m^2 で、これは公園全体の面積の 35 % にあたります。
緑公園の全体の面積は何 m^2 でしょうか。　教183ページ9　20点(式10・答え10)

式

答え（　　　　）

よく読んで！

3 たかしさんの家の畑で、昨日とったみかんの数は 80 個でした。　教183ページ6　40点(式10・答え10)

① 昨日とったみかんの数は、おとといとったみかんの数の 80 % でした。
おとといとったみかんは何個でしょうか。

式

答え（　　　　）

② 昨日とったみかんの数は、今日とったみかんの数の 160 % でした。
今日とったみかんは何個でしょうか。

式

答え（　　　　）

時間 15分　合格 80点　/100

月　日

12 割合
百分率を使って ……(3)

[3000円の20％引きということは、3000円の80％です。]

1 定価(ていか)4000円のセーターが、40％引きのねだんで売られています。何円で買えるでしょうか。①、②のそれぞれのしかたで求めましょう。 教184ページ7　45点(1つ5)

① 4000円の40％を求めて、4000円からひきます。

式　4000×㋐[　　]=㋑[　　]

4000−㋒[　　]=㋓[　　]

答え ㋔[　　]円

② 4000円の40％引きということは、4000円の㋕[　　]％です。

式　4000×(1−㋖[　　])=㋗[　　]　　答え ㋘[　　]円

2 定価1500円のシャツが、2割(わり)引で売られています。
このシャツは何円で買えるでしょうか。 教184ページ7　15点(式5・答え10)

式

答え (　　　　)

3 西山小学校の昨年の人数は450人でした。今年は昨年より8％増(ふ)えています。
今年は何人でしょうか。 教184ページ10　20点(式10・答え10)

式

答え (　　　　)

4 ぼうしが1440円で売られています。これは、定価の10％引きのねだんだそうです。
このぼうしの定価は何円でしょうか。 教185ページ8　20点(1つ5)

式　□×(1−㋐[　　])=1440　　□=1440÷㋑[　　]

□=㋒[　　]　　答え ㋓[　　]円

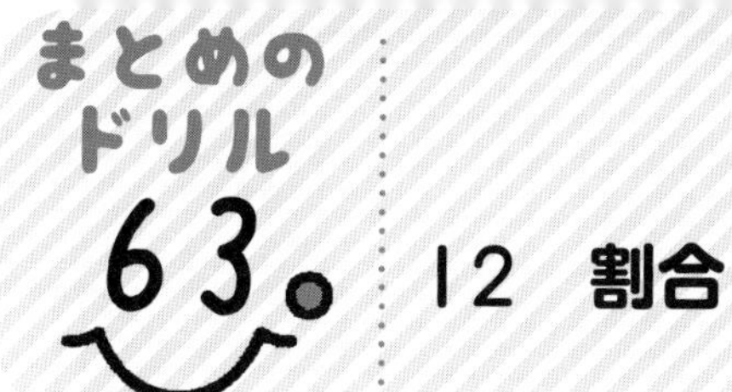

合格 80点　　／100

月　　日

答え 93ページ

12　割合

1 クラブの希望調べをしました。野球とサッカーでは、どちらのクラブが入りやすいでしょうか。定員に対する希望者の割合（わりあい）を求めて、比（くら）べましょう。　10点(式5・答え5)

式

クラブ	定員(人)	希望者(人)
野　球	20	26
サッカー	24	30

答え（　　　　）

2 次の小数で表された割合を百分率（ひゃくぶんりつ）で、百分率で表された割合を小数で表しましょう。

30点(1つ10)

① 0.08　　② 0.97　　③ 56.3％

（　　　　）　（　　　　）　（　　　　）

3 かおりさんの家の畑では、昨年は 240 kg のじゃがいもがとれました。

40点(式10・答え10)

① 昨年とれたじゃがいもの重さは、おととしとれたじゃがいもの重さの 80％でした。
おととしとれたじゃがいもの重さは何 kg でしょうか。

式

答え（　　　　）

② 今年は、昨年とれたじゃがいもの重さの 110％のじゃがいもがとれたそうです。
今年とれたじゃがいもの重さは何 kg でしょうか。

式

答え（　　　　）

4 定価（ていか） 3200 円のスポーツシューズを、A店では定価の2割引で、B店では定価の 600 円引きのねだんで売っています。

① A店では何円で買えるでしょうか。　10点(式5・答え5)

式

答え（　　　　）

② A、Bどちらの店のほうが安く買えるでしょうか。　10点

（　　　　）

教科書 174〜187ページ

15分　合格 80点　／100

月　日

答え 93ページ

サクッとこたえあわせ

13　割合とグラフ ……(1)

[割合を表すグラフには、全体を長方形で表す帯グラフと、全体を円で表す円グラフがあります。]

1 グラフを見て、□にあてはまる言葉や数を書きましょう。　教192～193ページ

メロンの生産量の割合(合計 16万t　2017年)

0　10　20　30　40　50　60　70　80　90　100(%)

茨城県	北海道	熊本県	青森県	山形県	その他

① 上のようなグラフを(ア)□グラフといいます。　10点

② 生産量が多い県の割合を読み取りましょう。　30点(1つ10)

茨城県…(イ)□%　　北海道…(ウ)□%　　熊本県…(エ)□%

③ 全体の生産量は16万tでした。茨城県の生産量は何万tでしょうか。

20点(式10・答え10)

式

答え (　　　)

2 グラフを見て、□にあてはまる言葉や数を書きましょう。　教192～193ページ

40点(1つ10)

① 右のようなグラフを(ア)□グラフといいます。

② 鹿児島県の生産量の割合は、全体の $\frac{1}{(イ)□}$ ぐらいです。

③ 茨城県の生産量の割合は(ウ)□%です。

④ 千葉県、宮崎県の生産量を合わせると、全体の $\frac{1}{(エ)□}$ ぐらいになります。

さつまいもの生産量の割合(2017年)

100(%)　0　10　20　30　40　50　60　70　80　90

鹿児島県　茨城県　千葉県　宮崎県　徳島県　その他

教科書 190～193ページ

きほんのドリル 65。

合格 80点 /100

月　日

サクッとこたえあわせ

答え 93ページ

13 割合とグラフ ……(2)

帯グラフと円グラフのかき方

[それぞれの割合を百分率で求めて、割合の大きい順に区切っていきます。]

1 右の表は、2016 年のキウイフルーツの生産量を表したものです。

全体に対するそれぞれの割合を百分率で求めて、右の表に書きましょう。

また、下の帯グラフに表しましょう。

教 194ページ　60点(1つ10)

キウイフルーツの生産量と割合(2016 年)

都道府県	量(t)	割合(%)
愛媛県	5230	㋐
福岡県	4120	㋑
和歌山県	3810	㋒
神奈川県	1880	㋓
静岡県	1370	㋔
その他	9190	37
合計	25600	100

キウイフルーツの生産量の割合(合計 25600 t)

0　10　20　30　40　50　60　70　80　90　100 (%)

百分率は四捨五入して整数で表そう。

2 あさこさんは、りんごの収かく量を調べていて、下のようなグラフを見つけました。

教 196～197ページ 3　40点(1つ10)

りんごの生産量の割合の変化

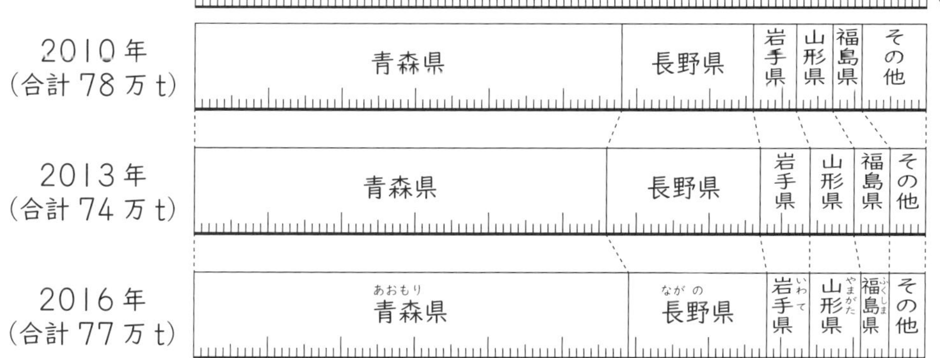

① 2010 年、2013 年、2016 年の長野県の割合は、それぞれ全体の何 % でしょうか。

(2010 年　　　、2013 年　　　、2016 年　　　)

② 2016 年の青森県の収かく量は約何万 t でしょうか。整数で答えましょう。

(　　　)

冬休みのホームテスト 66。

時間 15分　合格 80点　/100

月　日

答え 93ページ　サクッとこたえあわせ

整数の見方／分数の大きさとたし算、ひき算／平均／単位量あたりの大きさ

1 えんぴつ 96 本と消しゴム 16 個を、それぞれ同じ数ずつあまりがないように、ふくろに分けます。できるだけ多くのふくろに分けるには、何ふくろにすればよいでしょうか。　15点

（　　　　）

2 計算をしましょう。　30点(1つ5)

① $\frac{3}{7}+\frac{2}{3}$　② $\frac{1}{4}+0.7$　③ $6.6+\frac{7}{2}$

④ $\frac{7}{2}-\frac{2}{3}$　⑤ $\frac{3}{2}-1.2$　⑥ $3.4-\frac{4}{3}$

3 5個のみかんの重さをはかったら、下のとおりでした。みかん 1 個の重さは、平均何 g でしょうか。　15点

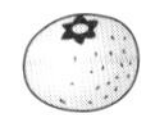
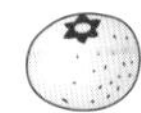
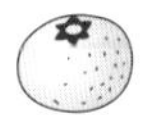

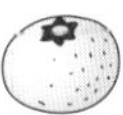

96g　102g　110g　104g　98g

（　　　　）

4 1.8 L で 5 m^2 ぬれる白のペンキと、2.5 L で 7 m^2 ぬれる赤のペンキがあります。どちらのペンキがよくぬれるといえるでしょうか。　20点

（　　　　）

5 分速 160 m の速さで 15 分間サイクリングをすると、何 km 進むでしょうか。　20点

（　　　　）

わり算と分数／割合／割合とグラフ

時間 15分　合格 80点　／100

月　日

サクッとこたえあわせ　答え 94ページ

1 赤のリボンが8m、青のリボンが5mあります。
赤のリボンの長さは、青のリボンの長さの何倍でしょうか。　20点

（　　　）

2 小数で表された割合を百分率で、百分率で表された割合を小数で表しましょう。　30点（1つ5）

① 0.72　（　　　）
② 0.01　（　　　）
③ 0.112　（　　　）
④ 92％　（　　　）
⑤ 115％　（　　　）
⑥ 1.4％　（　　　）

3 せんたく用せんざいが20％増量して売られています。
増量後のせんざいの量は540mLです。
増量前のせんざいの量は何mLでしょうか。　20点

（　　　）

4 右の表は、城山小学校に通う児童の人数を町別にまとめたものです。
それぞれの割合を求めて、帯グラフに表しましょう。
30点（割合1つ5・グラフ15）

町	東町	南町	西町	北町	合計
人数（人）	172	68	112	48	400
割合（％）	㋐	㋑	㋒	12	100

0　10　20　30　40　50　60　70　80　90　100（％）

合格 80点 /100

月　日

14　四角形や三角形の面積

平行四辺形の面積

[公式　平行四辺形の面積＝底辺(ていへん)×高さ]

1 右のような平行四辺形ABCDの面積を考えます。
□にあてはまる数や式を書きましょう。　教206ページ　20点(1つ5)

① 面積は、たてが㋐□cm、横が㋑□cm の長方形AEFDの面積と等しくなります。

② この平行四辺形の面積は何 cm^2 でしょうか。

式 □

答え □ cm^2

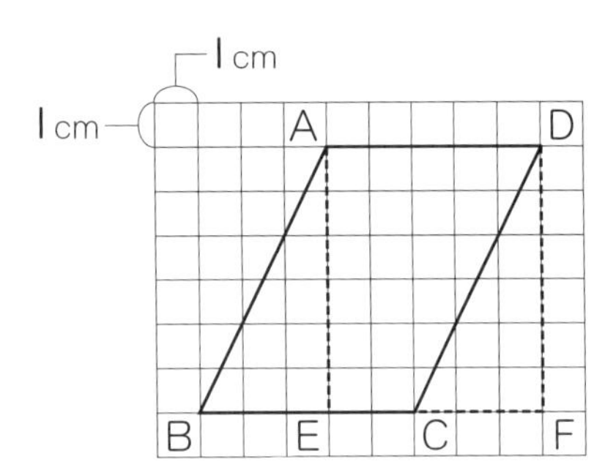

2 次のような平行四辺形の面積を求めましょう。　教209ページ3　40点(式10・答え10)

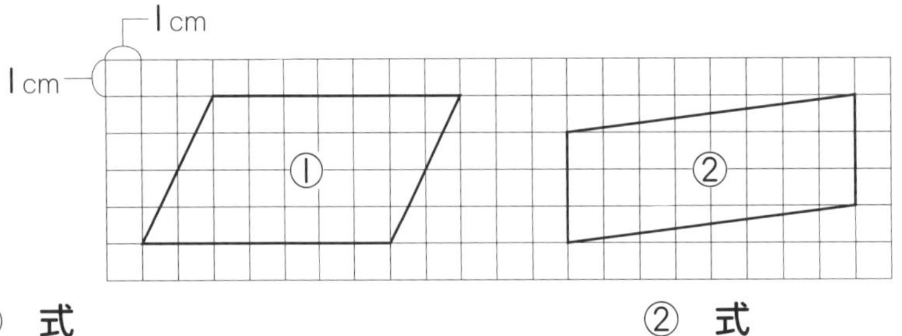

① 式

答え（　　　　）

② 式

答え（　　　　）

3 次のような平行四辺形の面積を求めましょう。　教208ページ①、209ページ④　40点(式10・答え10)

①

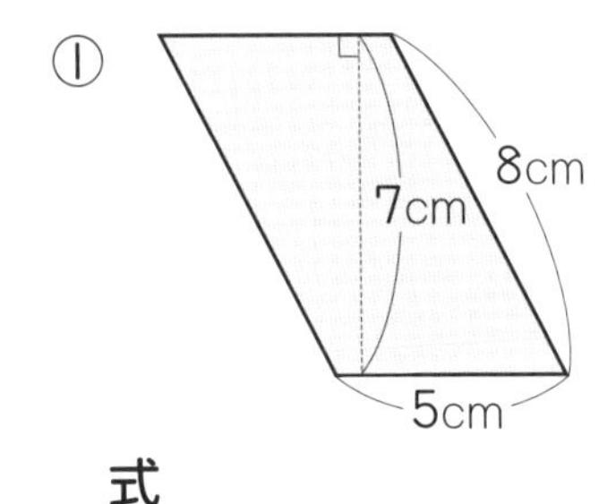

式

答え（　　　　）

②

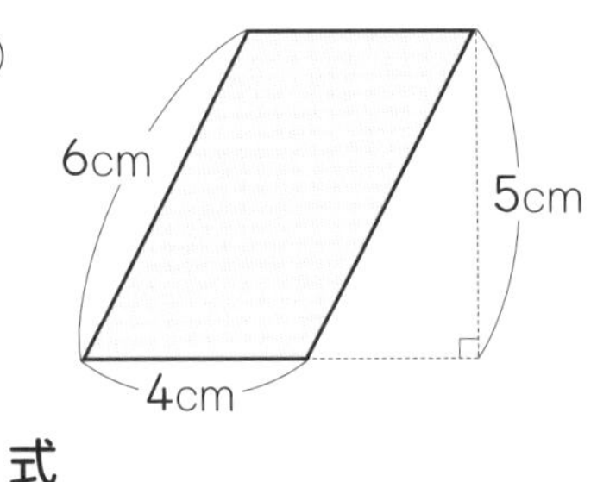

式

答え（　　　　）

きほんのドリル 69。

時間 15分　合格 80点　/100

月　日

サクッとこたえあわせ

答え 94ページ

14 四角形や三角形の面積

三角形の面積 ……(1)

[公式　三角形の面積＝底辺×高さ÷2]

1 右のような三角形ABCの面積を考えます。
□にあてはまる数や式を書きましょう。　教211、212ページ1、2　20点(1つ5)

① 面積は、たてが ㋐□ cm、横が ㋑□ cm の長方形DBCEの面積の半分に等しくなります。

② この三角形の面積は何 cm^2 でしょうか。

式 □

答え □ cm^2

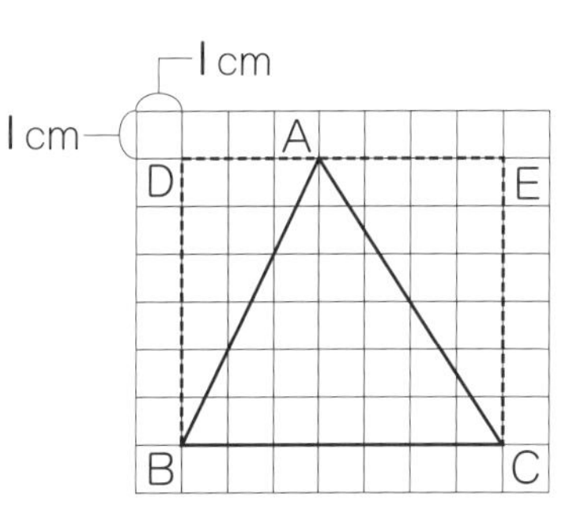

2 次のような三角形の面積を求めましょう。　教215ページ⑨　40点(式10・答え10)

1cm
1cm
A
D
F
①
②
B
C
E

① 式

答え (　　　　)

② 式

答え (　　　　)

3 次のような三角形の面積を求めましょう。　教214ページ⑥、215ページ⑨　40点(式10・答え10)

①

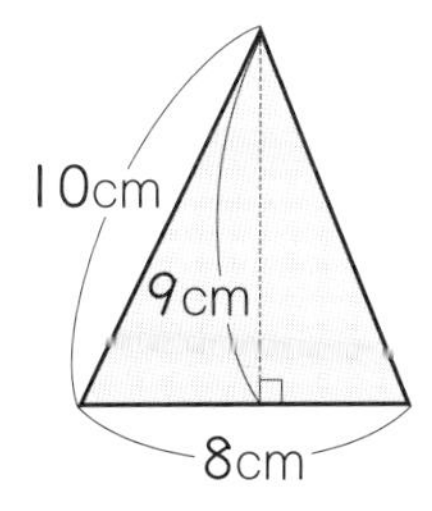

②

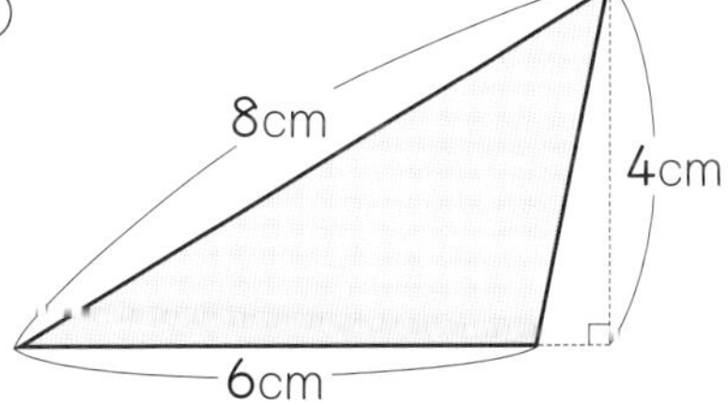

式

答え (　　　　)

式

答え (　　　　)

教科書 211～215ページ

合格 80点 ／100

月　日

サクッとこたえあわせ
答え 94ページ

14　四角形や三角形の面積

三角形の面積……(2)／高さと面積の関係

[三角形や平行四辺形の面積は、底辺の長さが決まっているとき、高さに比例(ひれい)します。]

1 長方形ABCDを右の図のように分けました。

教216ページ① 30点(1つ15)

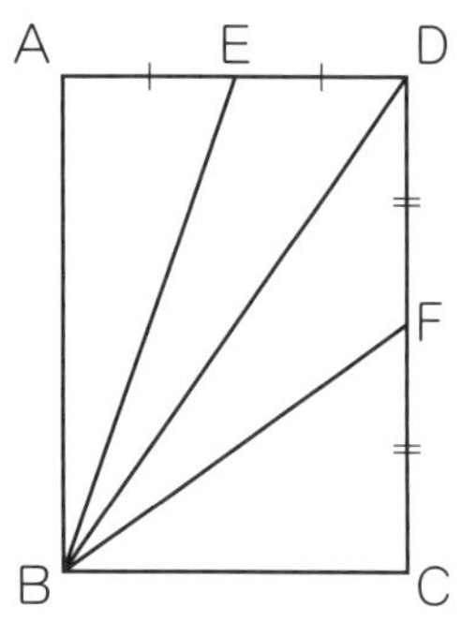

① 三角形ABDと面積が等しい三角形はどれでしょうか。

(三角形　　　　　　)

② 三角形ABEと面積が等しい三角形は、ほかに何個(こ)あるでしょうか。

(　　　　　　)

2 底辺が6cmの三角形の高さを1cm、2cm、3cm、……と変えたとき、面積はどのように変わるか調べましょう。 教218ページ9

① 面積を求めて、下の表に書きましょう。 30点(1つ5)

高さ(cm)	1	2	3	4	5	6
面積(cm²)	㋐	㋑	㋒	㋓	㋔	㋕

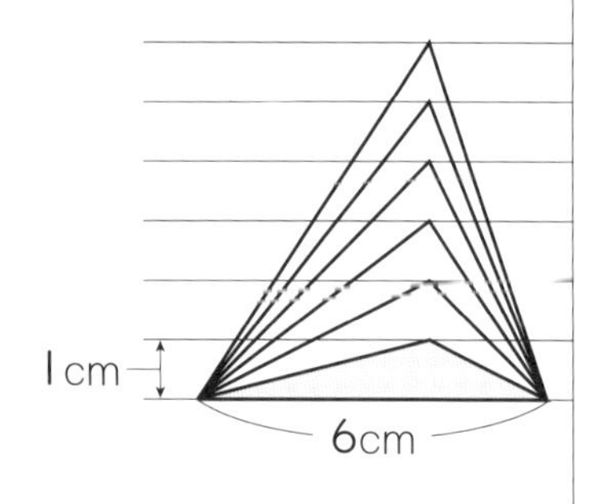

② 高さを1cmずつ増(ふ)やすと、面積はどのように変わるでしょうか。 20点

(　　　　　　)

③ 高さを2倍、3倍にすると、面積はどのように変わるでしょうか。 20点

(　　　　　　)

時間 15分　合格 80点　/100

月　日

答え 94ページ　サクッとこたえあわせ

14 四角形や三角形の面積

いろいろな図形の面積 ……(1)

[台形の面積＝(上底＋下底)×高さ÷2
ひし形の面積＝一方の対角線×もう一方の対角線]

1 下の四角形ABCDは台形です。 教219～220ページ⑩、221ページ⑫　50点(1つ10)

① 台形の面積の求め方について、次のように考えました。□にあてはまる数や式を書きましょう。

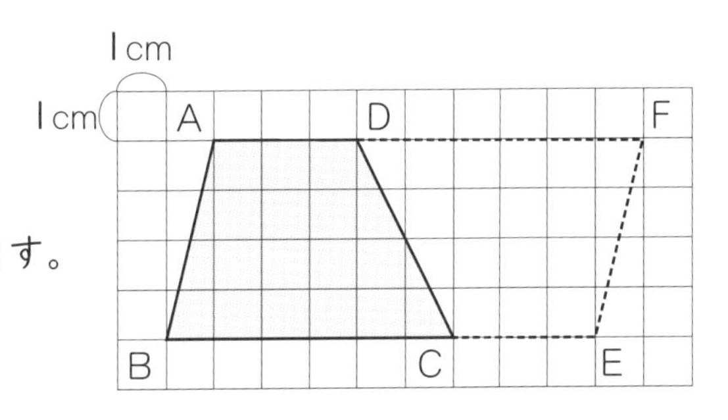

・台形ABCDの面積は、底辺が㋐□cm、高さが㋑□cmの平行四辺形ABEFの面積を、㋒□でわったものと等しくなります。

② この台形の面積は何cm^2でしょうか。

式 ㋓

答え ㋔ cm^2

2 下の四角形ABCDはひし形です。 教222ページ⑫　50点(1つ10)

① ひし形の面積の求め方について、次のように考えました。□にあてはまる数や式を書きましょう。

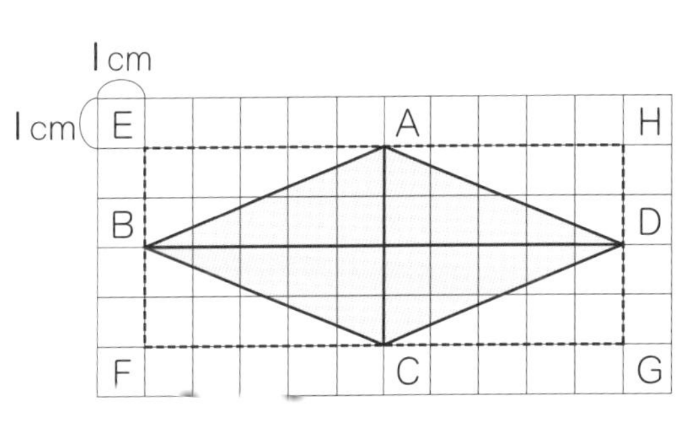

・ひし形ABCDの面積は、たてが㋐□cm、横が㋑□cmの長方形EFGHの面積を㋒□でわったものと等しくなります。

② このひし形の面積は何cm^2でしょうか。

式 ㋓

答え ㋔ cm^2

合格 80点 /100

月　日

答え 95ページ

サクッとこたえあわせ

14　四角形や三角形の面積

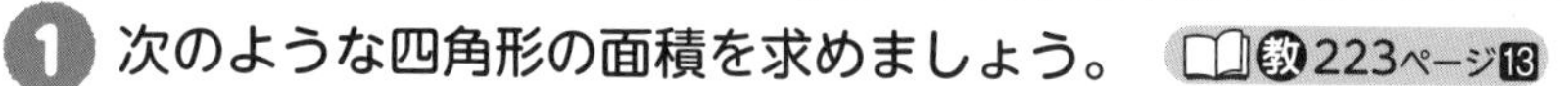

いろいろな図形の面積……(2)／およその面積

[方眼(ほうがん)の一部に図形がかかっている場合は、面積を半分と考えることにします。]

1 次のような四角形の面積を求めましょう。 教223ページ13　50点(式15・答え10)

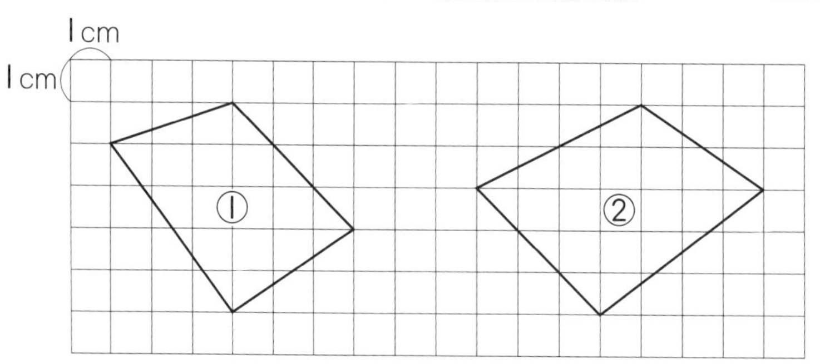

① 式　　　　答え (　　　　)

② 式　　　　答え (　　　　)

2 下のような形をした葉があります。
この葉のおよその面積を、方眼を使って求めましょう。 教224ページ14　50点(1つ5)

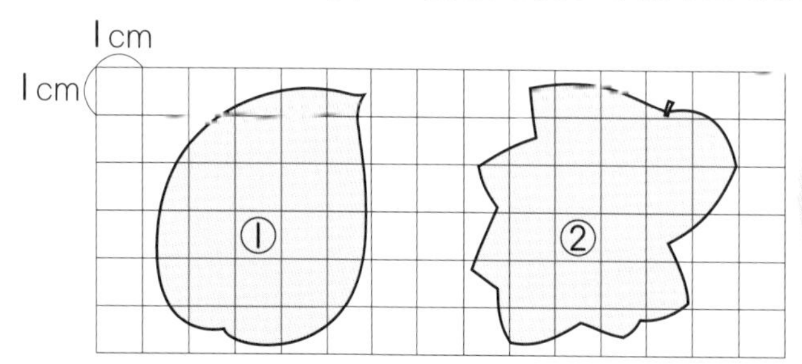

葉が完全に入っている方眼の数と、一部が入っているので半分の面積とみなす方眼の数を合わせます。

① 式 ㋐[　] + ㋑[　] ÷ ㋒[2] = ㋓[　]　　答え 約㋔[　] cm^2

② 式 ㋕[　] + ㋖[　] ÷ ㋗[2] = ㋘[　]　　答え 約㋙[　] cm^2

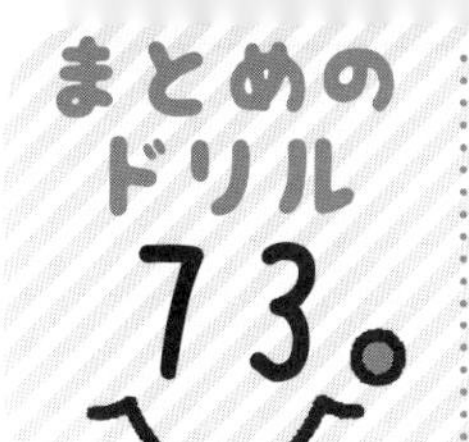

14 四角形や三角形の面積

1 次のような四辺形や三角形の面積を求めましょう。 60点(1つ10)

①
6cm　5cm　9cm

②
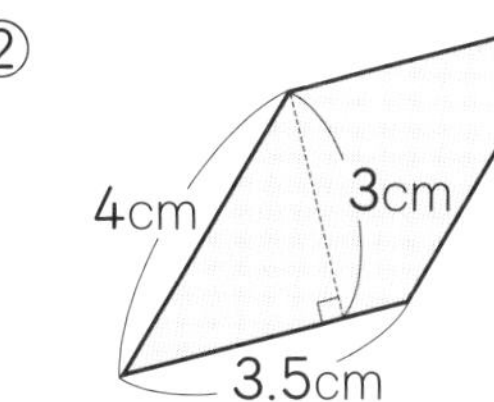

③
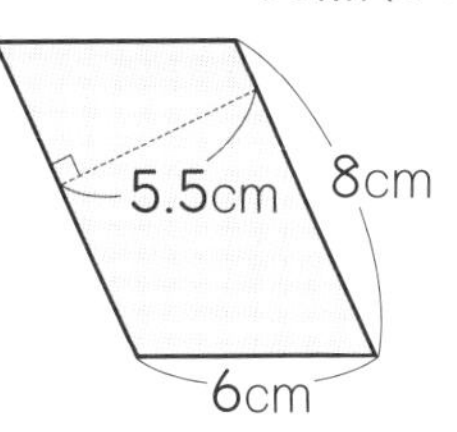

(　　　　)　(　　　　)　(　　　　)

④
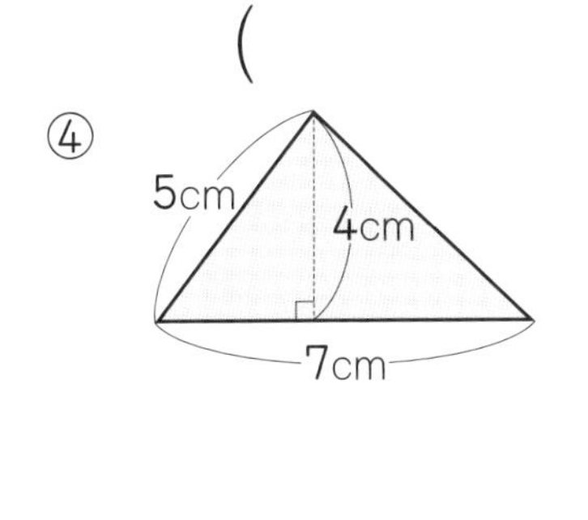

⑤
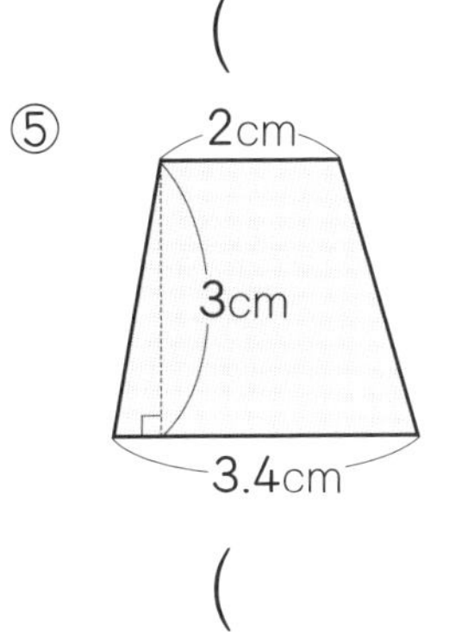

⑥
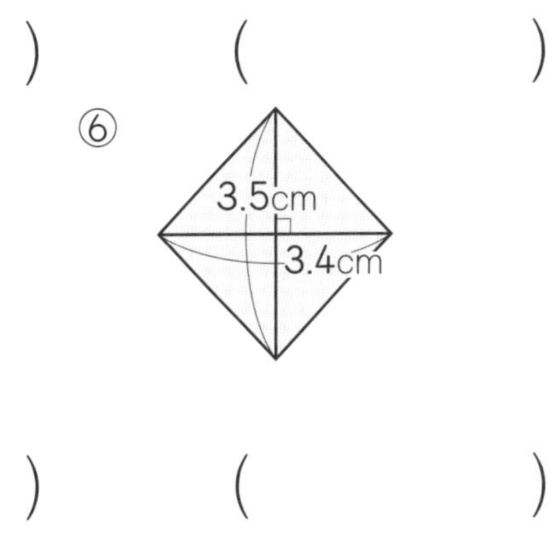

(　　　　)　(　　　　)　(　　　　)

2 次のような図形の面積を、必要なところの長さをはかって求めましょう。 20点(1つ10)

①

②
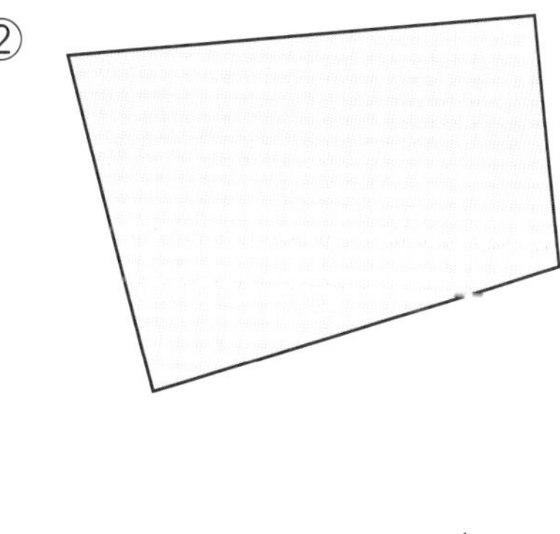
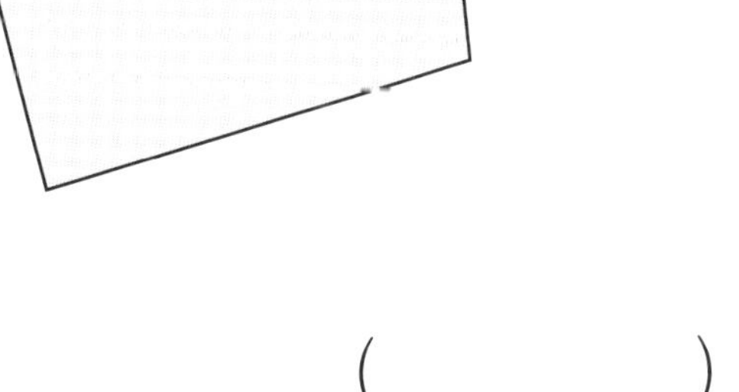

(　　　　)　(　　　　)

3 右のような図形があります。およその面積を方眼を使って求めましょう。 20点(式10・答え10)

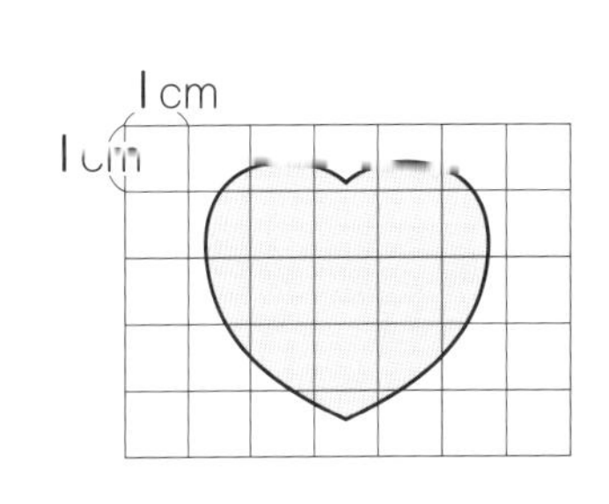

式

答え (　　　　)

教科書 204～225ページ

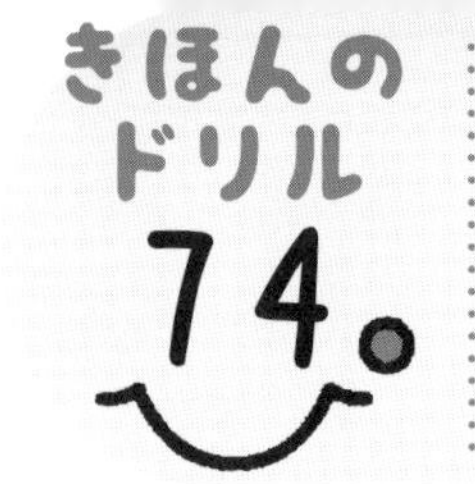

時間 15分　合格 80点　/100

月　日

答え 95ページ

15 正多角形と円

正多角形

[正多角形は、辺の長さがすべて等しく、角の大きさがすべて等しい多角形です。]

1 右の正八角形について調べます。□にあてはまる言葉や数を書きましょう。

教231ページ2　40点(1つ10)

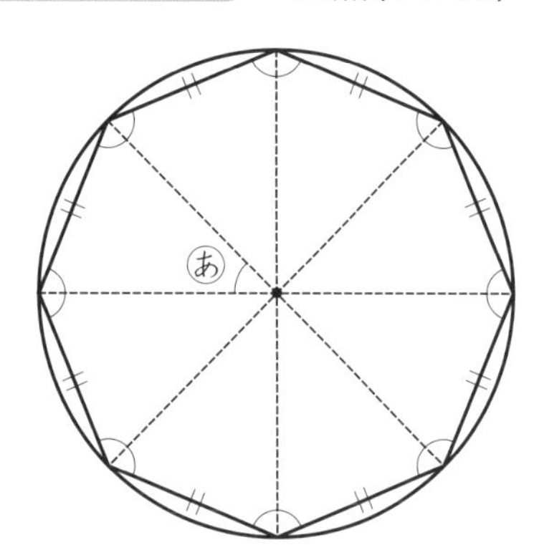

① 正八角形は、8つの㋐□の長さがすべて等しく、8つの㋑□の大きさもすべて等しい多角形です。

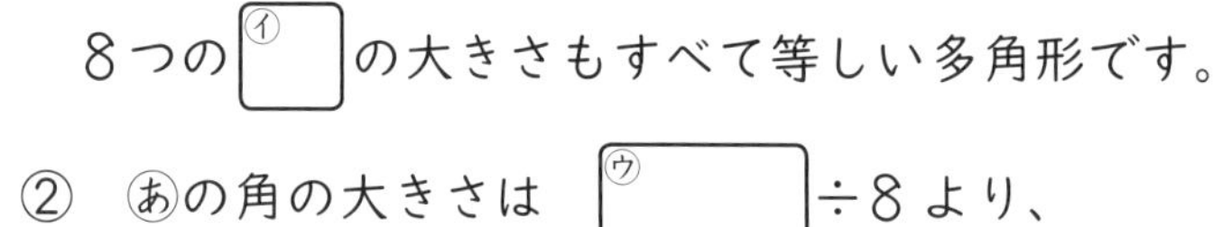

② ㋐の角の大きさは ㋒□÷8 より、㋓□°となります。

2 正多角形をかくのに、円の中心の周りの角を等分したら、次の角度になりました。それぞれどんな正多角形でしょうか。　教232ページ　30点(1つ10)

① 36°　（　　　）

② 45°　（　　　）

③ 72°　（　　　）

3 右の図は正六角形です。あ、い、うの角度をそれぞれ求めましょう。

教232ページ②　30点(1つ10)

あ（　　　）

い（　　　）

う（　　　）

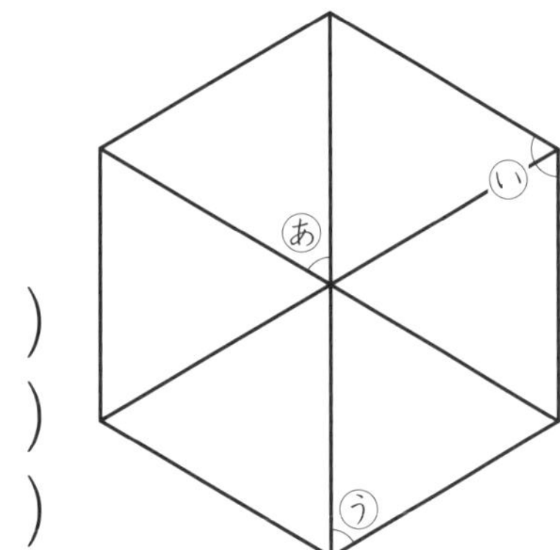

合格 80点 ／100

月　日

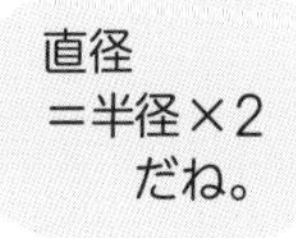

サクッと こたえ あわせ

答え 95ページ

15　正多角形と円

円周の長さ

[円周率(えんしゅうりつ)＝円周÷直径　円周＝直径×円周率　円周率はふつう 3.14 を使います。]

1 下のような円の円周の長さを求めましょう。 教 239ページ③　40点(式10・答え10)

①

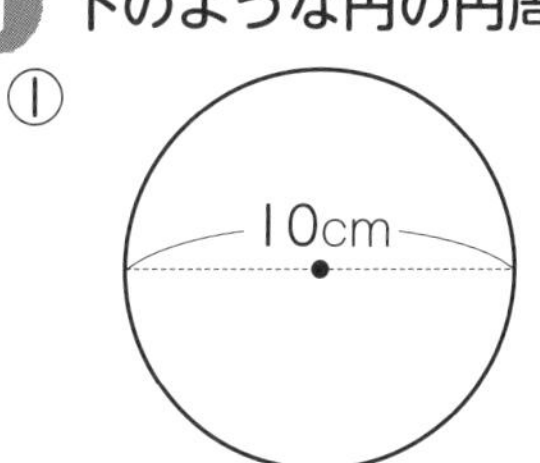

②

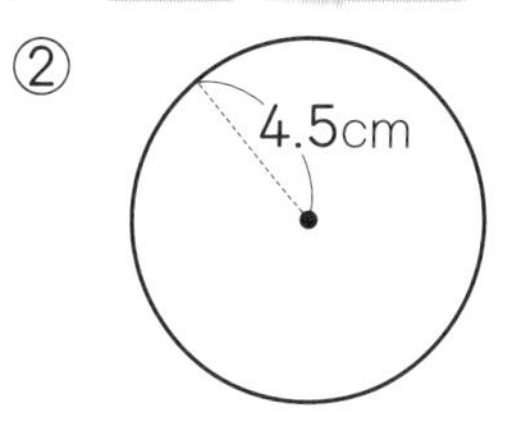

直径
＝半径×2
だね。

式

答え (　　　　　)

式

答え (　　　　　)

2 円の直径の長さを 1 cm、2 cm、……、と変えていきます。 教 239ページ7

35点(1つ5)

直径(cm)	1	2	3	4	5
円周(cm)	㋐	㋑	㋒	㋓	㋔

① 円周の長さを求めて、上の表に書きましょう。

② 直径が 1 cm 増(ふ)えると、円周の長さはどのように変わるでしょうか。

(　　　　　)

③ 直径が 2 倍、3 倍になると、円周の長さはどのように変わるでしょうか。

(　　　　　)

3 周りの長さが約 36 m の池があります。池の形を円とみると、直径は約何 m でしょうか。四捨五入(ししゃごにゅう)して、$\frac{1}{10}$ の位までのがい数で求めましょう。

教 240ページ、241ページ⑥　25点(1つ5)

式　直径を□ m とすると　□×㋐[　　]＝㋑[　　]

□＝㋒[　　]＝㋓[　　]

答え　約 ㋔[　　] m

教科書 236〜241ページ

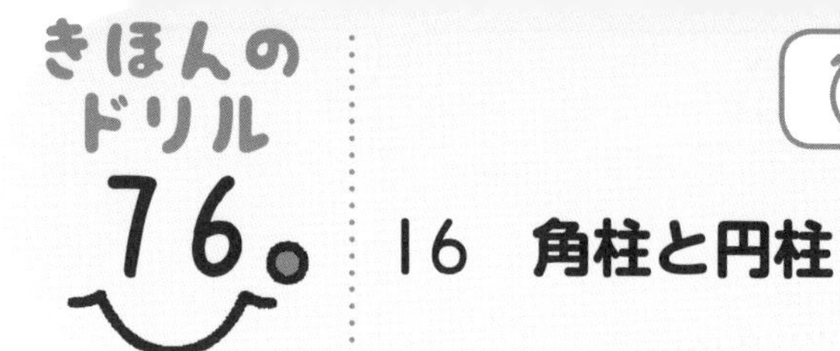

合格 80点 /100

月　日

サクッと こたえあわせ

答え 95ページ

16　角柱と円柱　……(1)

[角柱の２つの底面は合同な多角形で平行、側面は長方形か正方形です。]
[円柱の２つの底面は合同な円で平行、側面は曲面です。]

1　立体の部分の名前を書きましょう。

教 248ページ 2

60点(1つ6)

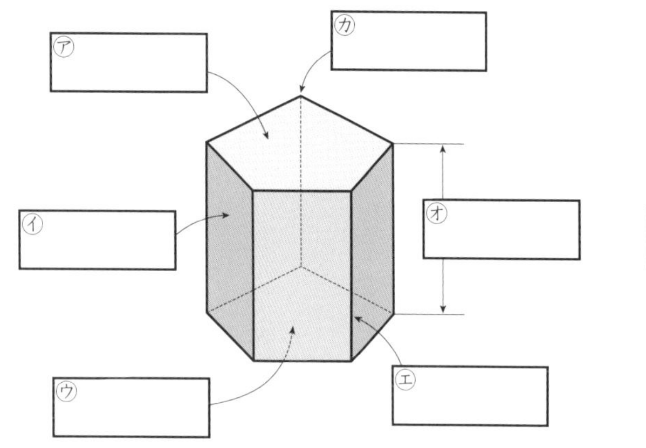

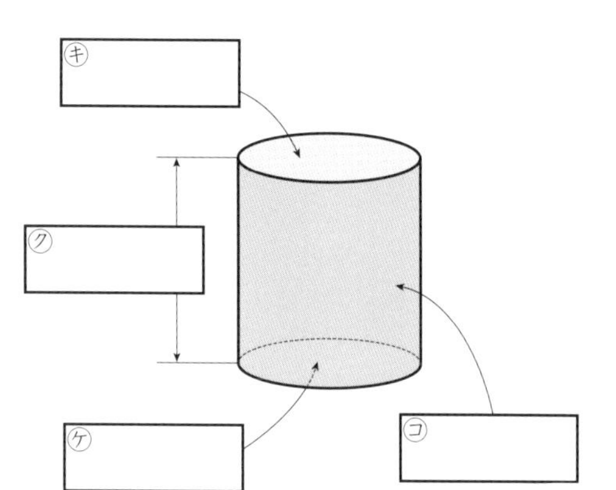

2　右のような角柱があります。

教 250ページ ◇、3

40点(1つ5)

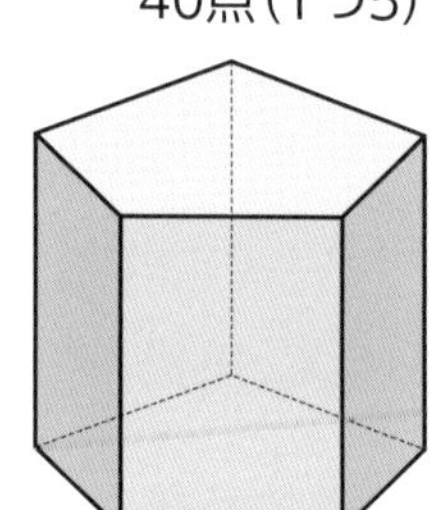

① 底面はいくつあるでしょうか。
また、どんな形でしょうか。

数（　　　　）形（　　　　）

② 側面はいくつあるでしょうか。
また、どんな形でしょうか。

数（　　　　）形（　　　　）

③ この角柱の名前は、何というでしょうか。

（　　　　）

④ 頂点、辺は、それぞれいくつあるでしょうか。

頂点（　　　　）辺（　　　　）

⑤ この角柱の高さは、どこの長さと同じでしょうか。

（側面の　　　　）

教科書 246〜250ページ

合格 80点　／100

月　日

サクッとこたえあわせ

答え 95ページ

16 角柱と円柱 ……(2)

見取図と展開図

[立体を辺にそって切り開いて、平面の上に広げてかいた図を、展開図(てんかいず)といいます。]

1 底面が下の三角形で、高さが5cmの三角柱の、見取図と展開図のつづきをかきましょう。 教251ページ4

40点(1つ20)

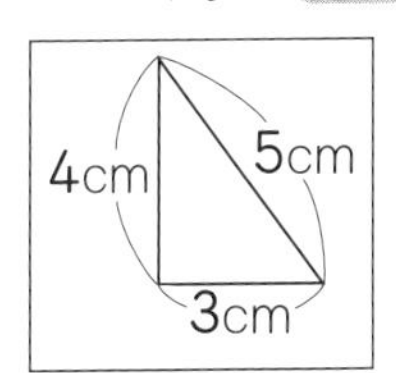

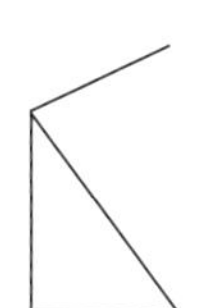

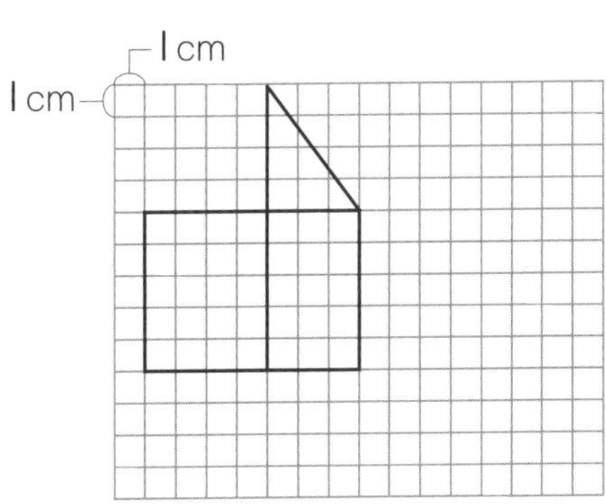

2 次のような円柱の展開図をかきましょう。
また、側面を長方形にしてかいたときの□にあてはまる数を書きましょう。

教252ページ　60点(1つ20)

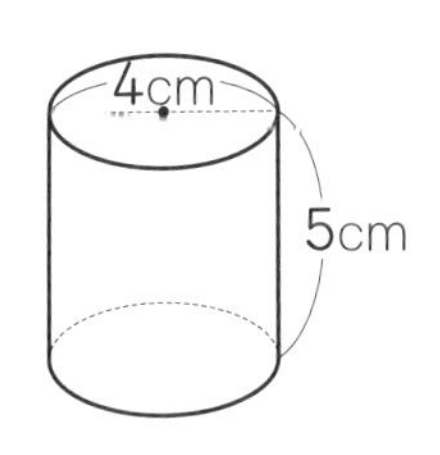

1cm
1cm

側面を長方形にしたとき、たてを円柱の高さ、横を円周の長さとして考えてみましょう。

側面は、たてが ㋐□ cm、横が ㋑□ cmの長方形

時間 15分　合格 80点　／100

月　日

体積／2つの量の変わり方／小数のかけ算／合同と三角形、四角形／小数のわり算

サクッとこたえあわせ

答え 96ページ

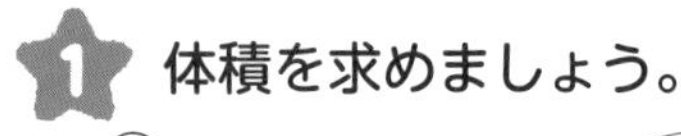

1 体積を求めましょう。　20点(1つ10)

①

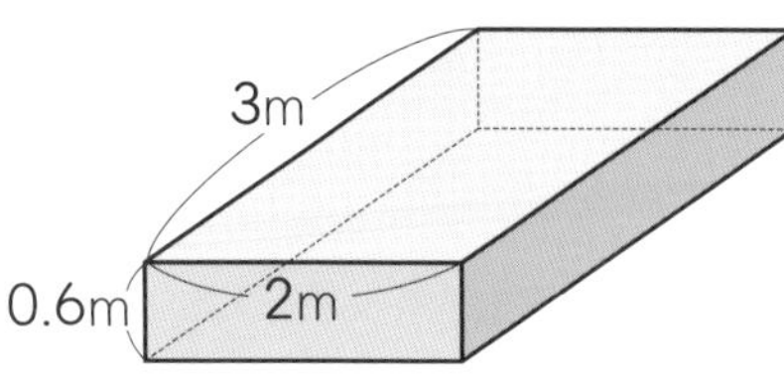

②

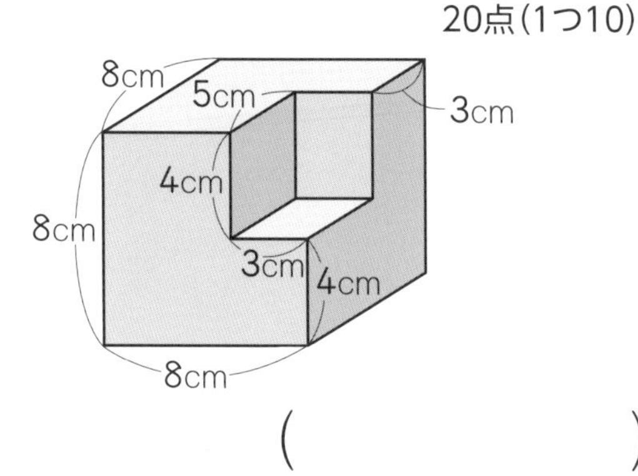

(　　　　)　(　　　　)

2 下の表は、たての長さが5cmの長方形の、横の長さ○cmと面積△cm^2の関係を表しています。　20点(1つ10)

横の長さ　○(cm)	1	2	3	4	5	6
面積　△(cm^2)	5	10	15	20	25	30

① ○と△の関係を式に表しましょう。　(　　　　)

② 横の長さが12cmのときの面積を求めましょう。　(　　　　)

3 計算をしましょう。　30点(1つ5)

① 3.5×2.5　② 0.8×0.72　③ 4.22×0.8

④ $5.6 \div 0.7$　⑤ $1.872 \div 0.02$　⑥ $0.15 \div 2.4$

4 次のあ、い、うの角度を求めましょう。　30点(1つ10)

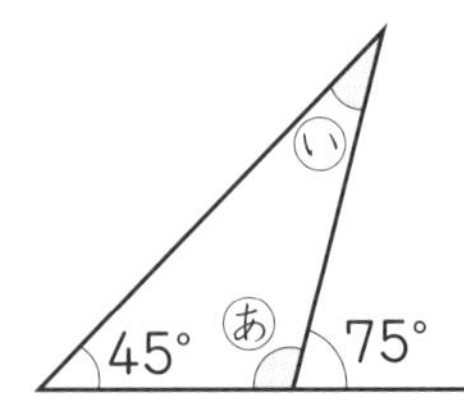

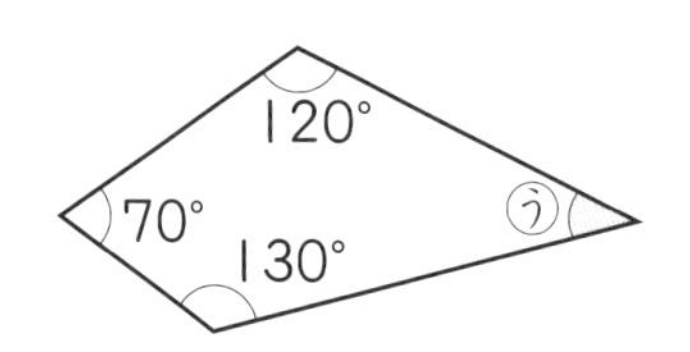

あ (　　　　)

い (　　　　)

う (　　　　)

学年末のホームテスト 79

合格 80点 /100

月　日

サクッとこたえあわせ

答え 96ページ

整数の見方／分数の大きさとたし算、ひき算／平均／単位量あたりの大きさ

1 60までの整数で、次の(　)の中の数の公約数、公倍数を書きましょう。　20点(1つ5)

① (16、24)

公約数 (　　　　)

公倍数 (　　　　)

② (12、3)

公約数 (　　　　)

公倍数 (　　　　)

2 計算をしましょう。　15点(1つ5)

① $\frac{3}{5}+\frac{2}{3}$　② $\frac{3}{8}+1\frac{2}{7}$　③ $2\frac{3}{4}-1.7$

3 ひろみさんは、歩(ほ)はばを使って公園の広場のはしからはしまでの長さを調べます。　20点(1つ10)

① ひろみさんが10歩(ぽ)歩いたら、3mの長さがありました。ひろみさんの歩はばの平均は何mでしょうか。

(　　　　)

② ひろみさんが公園の広場のはしからはしまで歩くと、120歩ありました。公園の広場のはしからはしまでの長さは、約何mでしょうか。

(　　　　)

4 青森(あおもり)県の人口は1237984人です。また、面積は9646 km²です。人口密度(じんこうみつど)を四捨五入(ししゃごにゅう)して一の位までのがい数で求めましょう。　15点(式10・答え5)

式

答え (　　　　)

5 自動車が、時速90 kmで高速道路を走っています。　30点(1つ15)

① この自動車は、3時間で何km進むでしょうか。

(　　　　)

② この自動車は、360 kmの道のりを進むのに何時間かかるでしょうか。

(　　　　)

学年末のホームテスト 80。

合格 80点 ／100

月 日

割合／割合とグラフ／四角形や三角形の面積／正多角形と円

1 ある動物園の今月の入場者数は、先月の入場者数 1148 人より、25 ％ 増加しました。今月の入場者数は何人ですか。 15点

（　　　　）

2 下の表は、2018 年の世界の地域別人口です。全体に対するそれぞれの割合を求めて、表に書きましょう。また、円グラフに表しましょう。 40点(1つ8点)

世界の地域別人口(2018 年)

地域	アジア	アメリカ	アフリカ	ヨーロッパ	その他	合計
人口(億人)	45	10	13	7	1	76
百分率(%)	㋐	㋑	㋒	㋓	2	100

(百分率は四捨五入して、整数で表しましょう。)

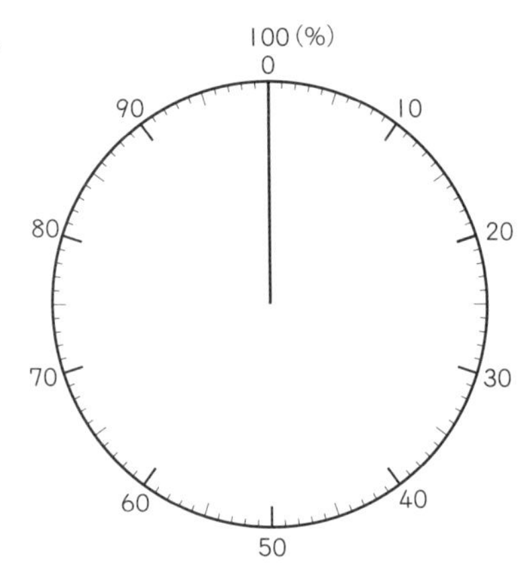

3 面積を求めましょう。 30点(1つ10)

① (　　　　)
② (　　　　)
③ (　　　　)

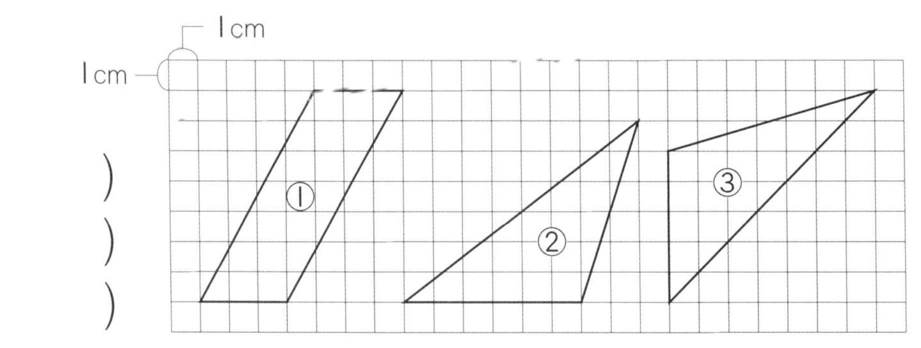

4 円周が 50 m の円をかきます。直径を約何 m にすればよいでしょうか。四捨五入して、$\frac{1}{10}$ の位までのがい数で求めましょう。 15点

（　　　　）

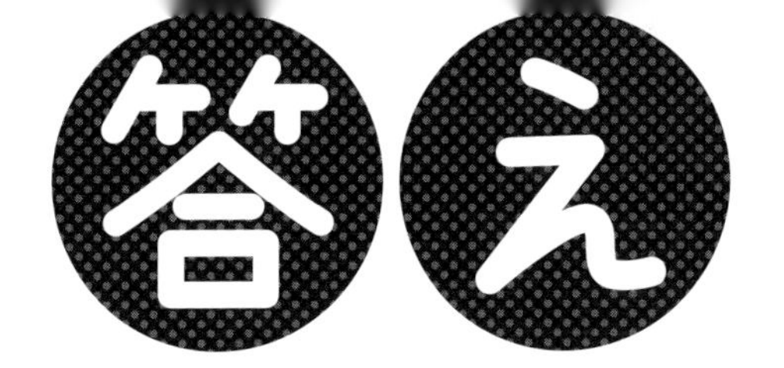

●ドリルやテストが終わったら、うしろの「がんばり表」に色をぬりましょう。
●まちがえたら、かならずやり直しましょう。「考え方」もよみ直しましょう。

1. 1 整数と小数 (1ページ)

❶ ㋐4 ㋑0.1 ㋒0.01 ㋓7 ㋔0.001 ㋕5

❷ ①㋐4 ㋑0 ㋒3 ㋓2 ㋔7
②㋕10 ㋖1 ㋗0.1 ㋘0.01 ㋙0.001
③㋚0 ㋛4 ㋜0 ㋝6 ㋞0.0001
④㋟100 ㋠0 ㋡0 ㋢0.1 ㋣0.01

❸ ①いちばん大きい数…87.521
②いちばん小さい数…12.578

考え方 ❷ 403.27 や 0.4062 のように0のある位では0をかけます。(例) 10×0、0.01×0

2. 1 整数と小数 (2ページ)

❶ ①1 ②$\frac{1}{10}$ ③2 ④2

❷ ①10倍…36.27 100倍…362.7 1000倍…3627
②10倍…7.39 100倍…73.9 1000倍…739

❸ ①$\frac{1}{10}$…50.23 $\frac{1}{100}$…5.023 $\frac{1}{1000}$…0.5023
②$\frac{1}{10}$…0.825 $\frac{1}{100}$…0.0825 $\frac{1}{1000}$…0.00825

❹ ①37.2 ②2652 ③0.143

❺ ㋐0.3 ㋑1.4 ㋒1.8 ㋓0.01 ㋔0.04 ㋕0.19

考え方 小数も整数も10倍すると位が1けた上がります。$\frac{1}{10}$にすると位が1けた下がります。

3. 2 体積 (3ページ)

❶ ①㋐24 ㋑24 ㋒27 ㋓27
②㋔い ㋕3

❷ ①18 cm³ ②18 cm³

❸ ①1 cm³ ②2 cm³

考え方 ❸ 次のように形が変えられます。

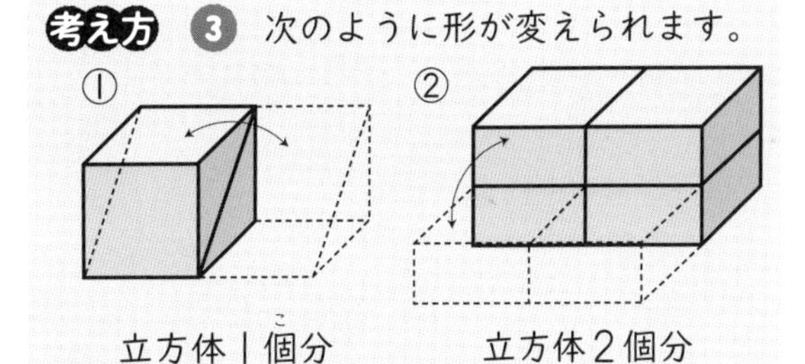

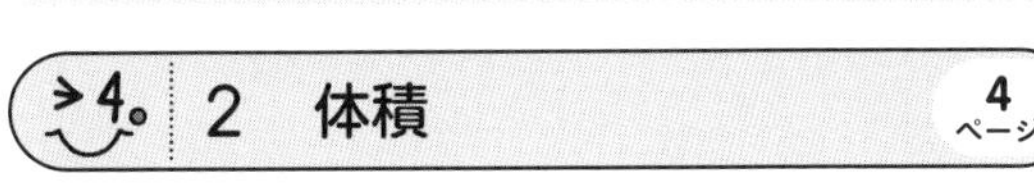

4. 2 体積 (4ページ)

❶ ①㋐4 ㋑5 ㋒3 ㋓60
②㋐2 ㋑2 ㋒2 ㋓8

❷ ①90 cm³ ②64 cm³ ③96 cm³ ④729 cm³

❸ 6cm

考え方 直方体の体積＝たて×横×高さ
立方体の体積＝1辺×1辺×1辺
❸ 直方体の高さを□cmとして、式を作ると $3 \times 5 \times □ = 90$
$15 \times □ = 90$ $□ = 90 \div 15$ $□ = 6$

5. 2 体積 (5ページ)

❶ ①12 ②12000000

❷ 式 $8 \times 4 \times 1 = 32$ 答え 32 m³

❸ ㋐1000 ㋑1000 ㋒0.001 ㋓1 ㋔1000 ㋕1000

考え方 ❸ ㋐㋑それぞれの辺に10個ずつならぶので $10\times10\times10=1000$(個)。
㋒上とは逆に $\frac{1}{1000}$ で、$1\,\mathrm{cm}^3=0.001\,\mathrm{L}$
㋕1Lの1000個分で、$1\,\mathrm{m}^3=1000\,\mathrm{L}$

6 2 体積 (6ページ)

❶ ㋐cm^2 ㋑m^3 ㋒1 ㋓1
㋔1

❷ ①195 cm^3 ②248 cm^3 ③570 cm^3

考え方 ❷ ①2つの直方体の和と考えると
$5\times4\times6+5\times5\times3=195$
2つの直方体の差と考えると
$5\times9\times6-5\times5\times3=195$

7 3 2つの量の変わり方 (7ページ)

❶ ①4 ②2、3 ③いえる

❷ ①㋐8 ㋑12 ㋒16 ㋓20
②○×4=△

8 3 2つの量の変わり方 (8ページ)

❶ ①式 96−○=△
㋐95 ㋑94 ㋒93 ㋓92 ㋔91
②式 50+60×○=△
㋐110 ㋑170 ㋒230 ㋓290 ㋔350
③式 25×○=△
㋐25 ㋑50 ㋒75 ㋓100 ㋔125
④式 15×○=△
㋐15 ㋑30 ㋒45 ㋓60 ㋔75

9 4 小数のかけ算 (9ページ)

❶ ①70、1.8 ②$\frac{1}{10}$ ③126

❷ ①㋐570 ㋑$\frac{1}{10}$ ㋒57
②㋐1350 ㋑$\frac{1}{10}$ ㋒135

❸ ①㋐544 ㋑$\frac{1}{100}$ ㋒5.44
②㋐598 ㋑$\frac{1}{100}$ ㋒5.98

❹ ①52 ②338 ③9.18 ④1.44

考え方 ❷ かける数を10倍して整数にすると、積も10倍になります。

10 4 小数のかけ算 (10ページ)

❶
① 2.6 ×3.2 ／ 52 ／ 78 ／ 8.32
② 1.7 ×2.8 ／ 136 ／ 34 ／ 4.76
③ 4.3 ×3.6 ／ 258 ／ 129 ／ 15.48
④ 2.3 ×4.3 ／ 69 ／ 92 ／ 9.89
⑤ 3.5 ×0.5 ／ 1.75
⑥ 0.8 ×4.7 ／ 56 ／ 32 ／ 3.76
⑦ 0.6 ×0.7 ／ 0.42

❷
① 3.54 × 2.3 ／ 1062 ／ 708 ／ 8.142
② 4.39 × 6.2 ／ 878 ／ 2634 ／ 27.218
③ 6.42 × 4.7 ／ 4494 ／ 2568 ／ 30.174
④ 2.79 × 4.6 ／ 1674 ／ 1116 ／ 12.834
⑤ 4.28 × 0.7 ／ 2.996
⑥ 5.03 × 8.3 ／ 1509 ／ 4024 ／ 41.749
⑦ 7.06 × 5.6 ／ 4236 ／ 3530 ／ 39.536

❸
① 5.7 ×6.3 ／ 171 ／ 342 ／ 35.91
② 0.7 ×3.3 ／ 21 ／ 21 ／ 2.31
③ 3.24 × 7.3 ／ 972 ／ 2268 ／ 23.652
④ 6.28 × 0.4 ／ 2.512

考え方 ❶ かけられる数、かける数をどちらも10倍して、整数×整数で計算します。

11 4 小数のかけ算 (11ページ)

❶
① 2.4 ×3.8 ／ 192 ／ 72 ／ 9.12
② 3.6 ×3.4 ／ 144 ／ 108 ／ 12.24
③ 5.8 ×0.7 ／ 4.06

④
5.64
× 3.4
2256
1692
19.176

⑤
7.38
× 4.7
5166
2952
34.686

⑥
3.67
× 7.3
1101
2569
26.791

⑦
2.84
×1.24
1136
568
284
3.5216

⑧
0.47
×0.16
282
47
0.0752

⑨
0.39
×0.23
117
78
0.0897

⑩
0.24
×0.04
0.0096

2
①
4.05
×0.36
2430
1215
1.4580

②
6.38
×1.15
3190
638
638
7.3370

③
4.25
× 0.4
1.700

④
2.46
× 2.5
1230
492
6.150

⑤
0.75
×1.48
600
300
75
1.1100

⑥
4.36
×2.05
2180
872
8.9380

⑦
0.65
×0.04
0.0260

⑧
0.05
×0.04
0.0020

考え方 **1** 積の小数部分のけた数が、かけられる数とかける数の小数部分のけた数の和になるように、積の小数点をうちます。
2 積の下の位が0になるときは、0を省略（しょうりゃく）します。

12 4 小数のかけ算 12ページ

1 ①式 300×1.3＝390
答え 390円 (300円より)高い
②式 300×0.7＝210
答え 210円 (300円より)安い

2 ㋑、㋓

3 ①式 2.5×3.7＝9.25
答え 9.25 cm^2
②式 2.5×0.8×1.2＝2.4
答え 2.4 m^3
③式 0.6×0.6＝0.36 答え 0.36 m^2
④式 0.4×0.4×0.4＝0.064
答え 0.064 m^3

考え方 **2** かける数が1より小さいと、積はかけられる数より小さくなります。
3 辺の長さが小数のときも、面積や体積の公式が使えます。

13 4 小数のかけ算 13ページ

1 ①㋐3.4 ㋑27.6
②㋒3.4 ㋓27.6 ㋔27.6

2 ①0.8 ②0.6 ③0.5 ④0.9

3 ①㋐0.3 ㋑3.3 ②㋒6 ㋓3.6
③㋔0.5 ㋕3 ④㋖2.6 ㋗23.4

4 ①2.7 ②13.5 ③8.03

考え方 小数であっても、これまでに学んだ計算のきまりが成り立ちます。
4 ①9×0.6×0.5＝9×(0.6×0.5)
＝9×0.3＝2.7
②4.5×1.8＋4.5×1.2
＝4.5×(1.8＋1.2)＝4.5×3＝13.5
③1.1×7.3＝(1＋0.1)×7.3
＝1×7.3＋0.1×7.3＝7.3＋0.73＝8.03

14 4 小数のかけ算 14ページ

1 ①364 ②36.4 ③36.4 ④3.64

2
①
2.9
×1.2
58
29
3.48

②
4.78
× 3.6
2868
1434
17.208

③
4.76
× 2.53
1428
2380
952
12.0428

④
0.58
× 0.3
0.174

⑤
1.4
×7.2
28
98
10.08

⑥
6.48
× 4.7
4536
2592
30.456

⑦
3.92
×1.68
3136
2352
392
6.5856

⑧
0.03
× 0.02
0.0006

3 式　90×3.6＝324　答え　324円

4 ㋑、㋒

5 式　5.6×7.2＝40.32

答え　40.32 cm^2

6 ①38　②1.8

おうちのかたへ　**6** ①4×2.5＝10をおぼえておくと、計算を速くしたり、くふうしたりするときに役立ちます。

15　5　合同と三角形、四角形　15ページ

1 Ⓘとⓒ、ⓔとⓚ

2 ①G　②E　③GH　④GF
⑤H　⑥F

3 辺EHの長さ…6cm
角Gの角度…65°

考え方　ぴったり重ねることのできる2つの図形は合同であるといい、合同な図形の対(たい)応(おう)する辺の長さと対応する角の大きさは、それぞれ等しくなります。

16　5　合同と三角形、四角形　16ページ

1 ①CD　②DA　③C　④CDB

2 ①3　②BAD、DCB、CDA

3 ①C　②D　③CD
④CD、CE、DE

考え方　長方形や平行四辺形に対角線をかくと合同な三角形ができます。

17　5　合同と三角形、四角形　17ページ

1 ①3　②2、角　③1、角

2 ㋐、㋓、㋕

3 ①(例)　②

③(例)

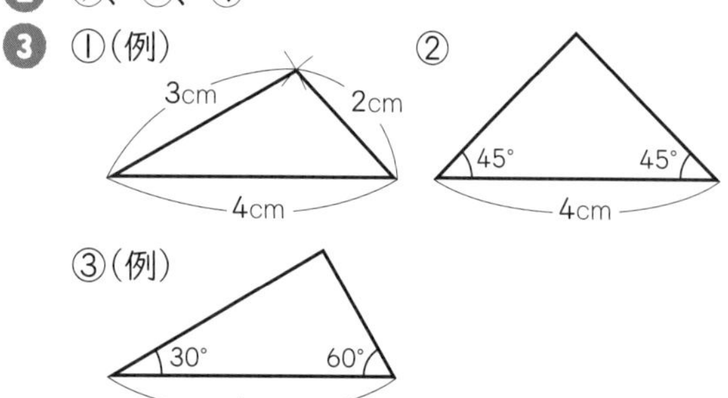

考え方　**3** ②③残りの角の大きさを分度器ではかりましょう。

18　5　合同と三角形、四角形　18ページ

1 ㋑、㋓

2 省略(しょうりゃく)

3 省略

考え方　多角形を対角線で分ければ、合同な三角形のかき方を使って合同な多角形をかくことができます。

19　5　合同と三角形、四角形　19ページ

1 ㋐一直線　㋑180°

2 ㋐2　㋑180°　㋒360°

3 ㋐70°　Ⓘ45°　㋒50°
ⓔ65°　ⓞ120°

考え方　**3** ㋐180－(35＋75)＝70
㋒180－65×2＝50
ⓞ360－(80＋85＋75)＝120

20　5　合同と三角形、四角形　20ページ

1 ㋐40°　Ⓘ100°　㋒25°

2 ㋐60°　Ⓘ85°　㋒55°　ⓔ70°

3 ㋐95°　Ⓘ75°　㋒70°

4 ①5(本)、6(個(こ))
②式　180×6＝1080　答え　1080°

考え方　**1** ㋐180－(55＋85)＝40
2 ⓔ180－55×2＝70
3 ㋒180－80＝100
360－(100＋110＋80)＝70

おうちのかたへ　「三角形の3つの角の和は180°」、「四角形の4つの角の和は360°」です。

21　6　小数のわり算　21ページ

1 ①98÷1.4＝70　②14　③㋐14　㋑70

2 ①㋐540　㋑30　㋒30
②㋐390　㋑130　㋒130

3 ①㋐56　㋑4　㋒4
②㋐42　㋑7　㋒7

4 ①40　②70　③6　④11

考え方 ❶で調べたようにわり算では、わられる数とわる数に同じ数をかけても商は変わりません。

❷ ①54÷1.8 の商と 540÷18 の商は同じ。

❹ かけられる数とかける数を 10 倍して計算します。

22. 6 小数のわり算 22ページ

❶

① 2.5
1.8）4.5
36
90
90
0

② 18.5
0.8）14.8
8
68
64
40
40
0

③ 94
0.4）37.6
36
16
16
0

④ 5.6
0.2）1.1.2
10
12
12
0

⑤ 2.6
2.6）6.7.6
52
156
156
0

❷

① 0.8
3.5）2.8
280
0

② 0.6
4.5）2.7
270
0

③ 0.42
9.5）3.9.9
380
190
190
0

④ 0.75
0.2）0.1.5
14
10
10
0

⑤ 0.05
3.6）0.1.8
180
0

⑥ 0.02
4.5）0.0.9
90
0

考え方 わる数とわられる数の小数点を同じけた数だけ右へ移（うつ）して計算します。商の小数点は、わられる数の移した小数点にそろえてうちます。

23. 6 小数のわり算 23ページ

❶

① 2.3
4.12）9.47.6
824
1236
1236
0

② 3.2
0.67）2.14.4
201
134
134
0

③ 0.45
0.28）0.12.6
112
140
140
0

④ 4.4
1.25）5.50
500
500
500
0

⑤ 0.4
1.75）0.70
700
0

⑥ 0.625
0.48）0.30
288
120
96
240
240
0

❷

① 5.6
2.5）140
125
150
150
0

② 1.2
7.5）90
75
150
150
0

③ 270
0.3）810
6
21
21
0

④ 9.6
3.75）3600
3375
2250
2250
0

考え方 わる数の小数点を右に移した分、わられる数の小数点の位置も移します。

24. 6 小数のわり算 24ページ

❶ ①式 8.4÷1.2＝7

答え 7g、(8.4gより)軽い

②式 8.4÷0.7＝12

答え 12g、(8.4gより)重い

❷ ㋐、㋓

3 ①
2.8~~1~~
2.2) 6.2
44
180
176
40
22
18

②
2.2~~4~~
4.1) 9.2
82
100
82
180
164
16

③
12.~~1~~
0.6) 7.3
6
13
12
10
6
4

④
2.2~~2~~
2.7) 60
54
60
54
60
54
6

⑤
2
5.~~1~~5
3.3) 170
165
50
33
170
165
5

⑥
1.7~~2~~
2.1) 3.6.3
21
153
147
60
42
18

考え方 「上から2けた」というとき、商にはじめて0でない数がたったところを1けためとして、上から3けためを四捨五入(ししゃごにゅう)します。

25。 6 小数のわり算 （25ページ）

1 ㋐54.5÷6.5＝8 あまり 2.5　㋑8
㋒2.5　㋓6.5　㋔8　㋕2.5　㋖54.5

2 ㋐17÷2.3＝7 あまり 0.9　㋑7　㋒0.9

3 ①
6
0.4) 2.7
24
0.3

②
5
0.7) 3.6
35
0.1

③
24
1.3) 320
26
60
52
0.8

④
1
0.7) 0.8
7
0.1

⑤
2
3.1) 7.0.3
62
0.83

考え方 **3** あまりの小数点は、わられる数のもとの小数点にそろえてうちます。

26。 6 小数のわり算 （26ページ）

1 式 175÷0.7＝250　答え 250 g

2 式 2.1÷1.5＝1.4　答え 1.4 倍

3 式 8.4÷3.5＝2.4　答え 2.4 m

4 式 ㋟284÷238＝1.19…
㋠525÷505＝1.03…　答え ㋟県

5 式 ㋤13.4÷12.1＝1.10…
㋥10.2÷9.1＝1.12…　答え ㋥市

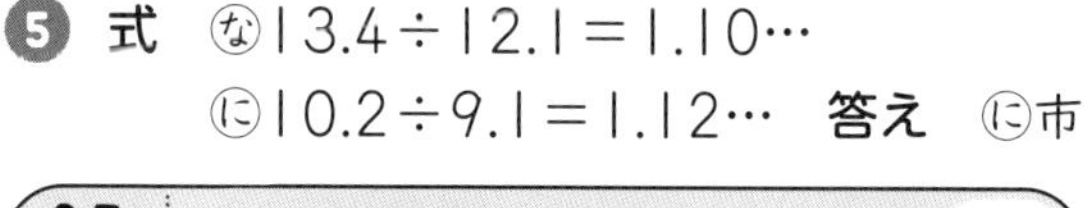

27。 6 小数のわり算 （27ページ）

1 ①
2.6
3.5) 9.1
70
210
210
0

②
0.344
7.5) 2.5.8
225
330
300
300
300
0

③
0.9
0.6) 0.5.4
54
0

④
32
0.75) 2400
225
150
150
0

2 ㋑、㋒

3 ①
7
0.8~~67~~
5.3) 4.6
424
360
318
420
371
49

②
23.~~3~~
0.3) 70
6
10
9
10
9
1

③
5
1.4~~9~~
2.1) 3.1.4
21
104
84
200
189
11

4 ㋐8　㋑0.6

5 式 6.5÷2.6＝2.5　答え 2.5 kg

おうちのかたへ どの計算も、小数点の位置に気をつけて計算しましょう。

28。整数と小数／体積 28ページ

1 ①㋐7　㋑6　㋒4　②㋓7

2 10倍…64　1000倍…6400

$\frac{1}{100}$…0.064　$\frac{1}{1000}$…0.0064

3 ①12000 cm^3　②730 cm^3

4 8 cm

考え方 3 ②図のように、大きな立体の体積から一部の立体の体積をひきます。

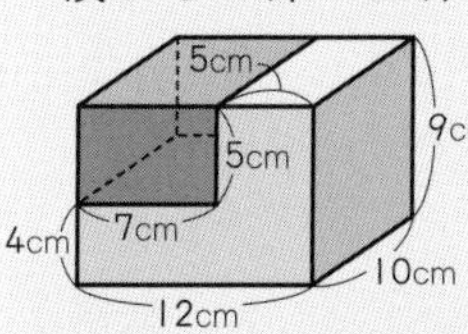

大きな立体の体積
10×12×9＝1080
一部の立体の体積
10×7×5＝350
1080－350＝730

4 立方体の体積は8×8×8＝512
直方体の高さを□cmとすると、
4×16×□＝512　64×□＝512
□＝512÷64＝8

おうちのかたへ 立方体や直方体ではない立体の体積は、大きな立体から一部の立体の体積をひいて求められることがあります。

29。2つの量の変わり方／小数のかけ算 29ページ

1 ①6×○＝△
②7L

2
① 0.8 ×2.2 → 16, 16 → 1.76
② 2.2 ×3.64 → 88, 132, 66 → 8.008
③ 0.8 ×0.7 → 0.56
④ 7.6 ×7.77 → 532, 532, 532 → 59.052
⑤ 0.06 ×0.22 → 12, 12 → 0.0132

3 式　2.4×1.25＝3　答え　3kg

4 ①9×2.5×0.4＝9×(2.5×0.4)＝9×1＝9
②1.2×1.2＋1.2×3.8＝1.2×(1.2＋3.8)
＝1.2×5＝6

考え方 4 計算のきまりを使いましょう。

おうちのかたへ 計算の順番をくふうする問題では、最初に整数を作れないかを考えてみましょう。

30。合同と三角形、四角形／小数のわり算 30ページ

1 ①辺EH…4 cm　辺GH…2 cm
②角E…80°　角F…85°

2
① 1.2)2.4 ＝ 2　（24, 0）
② 3.1)7.13 ＝ 2.3　（62, 93, 93, 0）
③ 0.04)5200 ＝ 1300　（4, 12, 12, 0）

3
① 7.3)4.2 ＝ 0.575 → 0.58　（365, 550, 511, 390, 365, 25）
② 4.5)3.3 ＝ 0.733 → 0.73　（315, 150, 135, 150, 135, 15）
③ 2.6)8.5 ＝ 3.26 → 3.3　（78, 70, 52, 180, 156, 24）

4 13(個できて、)0.7(Lあまる)

考え方 1 合同な図形では、対応(たいおう)する辺の長さや、角の大きさが等しくなります。

おうちのかたへ 小数の計算では、小数点の位置に気をつけましょう。筆算をするときに、正しい位置に小数点を打っているかをよく確認します。

31。7　整数の見方 31ページ

1 ①㋐7　㋑9　㋒8　㋓14

②赤組　③2ずつ増える　④1

❷ ①⑳ 21 ㉒ 23 ㉔ 25 ㉖ 27

㉘ 29 ㉚ 31 ㉜ 33 ㉞ 35

❸ ①14　②1

❹ 偶数(ぐうすう)…68、112、280

奇数(きすう)…53、79、431

❺ 奇数

考え方　2でわったとき、わりきれる整数を偶数、わりきれないで1あまる整数を奇数といいます。

32. 7 整数の見方　32ページ

❶ ①3の倍数

0 1 2 ③ 4 5 ⑥ 7 8 ⑨ 10 11 ⑫

13 14 ⑮ 16 17 ⑱ 19 20 ㉑ 22 23 ㉔ 25

4の倍数

0 1 2 3 ④ 5 6 7 ⑧ 9 10 11 ⑫

13 14 15 ⑯ 17 18 19 ⑳ 21 22 23 ㉔ 25

②12、24

❷ ①12、30　②9、54

❸ ①8、16、24、32

②10、20、30、40

③13、26、39、52

❹ ①20、40、60　②21、42、63

考え方　□の倍数とは、□の1倍、2倍、3倍、……の数です。

□と△の公倍数とは、□と△に共通な倍数のことです。0は倍数には入れません。

❹ ①10の倍数10、20、30、……のうち、4でわりきれる数を見つけます。

33. 7 整数の見方　33ページ

❶ ①40　②42　③28

❷ 24

❸ ①18、36、54

②30、60、90

③40、80、120

❹ 1辺…40 cm　タイル…20まい

考え方　❹ 8と10の最小公倍数が1辺の長さです。40÷8=5、40÷10=4なので、タイルはたてに5まい、横に4まいならび、5×4=20(まい)となります。

34. 7 整数の見方　34ページ

❶ ①12の約数

0 ① ② ③ ④ 5 ⑥ 7 8 9 10 11 ⑫

18の約数

0 ① ② ③ 4 5 ⑥ 7 8 ⑨ 10 11 12

13 14 15 16 17 ⑱

②1、2、3、6

❷ ①1、3、9　②1、2、7、14

③1、2、4、8、16

④1、2、4、5、10、20

⑤1、5、7、35

❸ 7、31

考え方　□の約数とは、□をわりきることのできる整数です。1と□も約数です。□と△の公約数は、□と△に共通な約数です。

❷ 1、2、3、4、…でわりきれるか調べていきましょう。もし2でわりきれたら、2と、そのときの商も約数です。

35. 7 整数の見方　35ページ

❶ ①1、3　②1、2、4

③1、2、3、6　④1、2、4、8

❷ ①7　②10　③9

❸ 1辺…6 cm　正方形…35まい

❹ 12ふくろ

考え方　❸ 30と42の最大公約数を1辺とする正方形に切り分けます。1辺の長さは6 cmで、30÷6=5、42÷6=7なので、5×7=35(まい)の正方形ができます。

36. 8 分数の大きさとたし算、ひき算　36ページ

❶ ①㋐4　㋑15　㋒2　㋓4　㋔3

㋕15　②㋖20　㋗10

❷ (例)① $\frac{2}{6}$、$\frac{3}{9}$　② $\frac{2}{10}$、$\frac{3}{15}$　③ $\frac{6}{8}$、$\frac{9}{12}$

④$\frac{8}{14}$、$\frac{12}{21}$　⑤$\frac{6}{4}$、$\frac{9}{6}$　⑥$\frac{18}{16}$、$\frac{27}{24}$

考え方 ❷ 大きさの等しい分数はもっとたくさんありますが、答えは、分母と分子を2倍、3倍したものを書いてあります。

37。 8 分数の大きさとたし算、ひき算 37ページ

❶ ①㋐1　㋑2　㋒1
②㋓3　㋔3　㋕3
③㋖15　㋗6

❷ ①$\frac{1}{2}$　②$\frac{2}{3}$　③$\frac{1}{3}$　④$\frac{3}{4}$　⑤$\frac{4}{5}$
⑥$\frac{2}{7}$　⑦$\frac{11}{3}$　⑧$\frac{11}{2}$　⑨$\frac{3}{8}$　⑩$\frac{3}{2}$
⑪$\frac{5}{3}$　⑫$\frac{4}{3}$

考え方 ❷ 分母と分子の最大公約数で分母、分子をわると、1回で約分できますが、気づいた公約数で順にわっていってもかまいません。

38。 8 分数の大きさとたし算、ひき算 38ページ

❶ ①㋐6　㋑9　㋒4　㋓6　㋔8
②$\frac{3}{4}$

❷ ①㋐45　②㋑$\frac{25}{45}$　㋒$\frac{24}{45}$

❸ ①$\frac{2}{5}$　②$\frac{13}{28}$　③$\frac{5}{8}$　④$\frac{3}{10}$

考え方 分母のちがう分数の大きさは、通分すると分子の大きさで比(くら)べられます。

39。 8 分数の大きさとたし算、ひき算 39ページ

❶ ㋐5　㋑2　㋒$\frac{7}{10}$

❷ ①$\frac{4}{15}+\frac{4}{5}=\frac{4}{15}+\frac{12}{15}=\frac{16}{15}\left(1\frac{1}{15}\right)$
②$\frac{1}{4}+\frac{2}{7}=\frac{7}{28}+\frac{8}{28}=\frac{15}{28}$
③$\frac{1}{3}+\frac{5}{8}=\frac{8}{24}+\frac{15}{24}=\frac{23}{24}$
④$\frac{4}{13}+\frac{1}{2}=\frac{8}{26}+\frac{13}{26}=\frac{21}{26}$
⑤$\frac{1}{8}+\frac{3}{4}=\frac{1}{8}+\frac{6}{8}=\frac{7}{8}$
⑥$\frac{1}{6}+\frac{4}{5}=\frac{5}{30}+\frac{24}{30}=\frac{29}{30}$
⑦$\frac{4}{9}+\frac{3}{7}=\frac{28}{63}+\frac{27}{63}=\frac{55}{63}$

❸ 式　$\frac{1}{3}+\frac{1}{7}=\frac{7}{21}+\frac{3}{21}=\frac{10}{21}$

答え　$\frac{10}{21}$L

考え方 分母がちがうときは、通分してから計算しましょう。

40。 8 分数の大きさとたし算、ひき算 40ページ

❶ ①$\frac{1}{2}$　②$\frac{2}{3}$　③$\frac{3}{2}\left(1\frac{1}{2}\right)$　④$\frac{1}{2}$
⑤$\frac{11}{10}\left(1\frac{1}{10}\right)$

❷ ①$3\frac{4}{9}\left(\frac{31}{9}\right)$　②$1\frac{11}{12}\left(\frac{23}{12}\right)$
③$2\frac{17}{18}\left(\frac{53}{18}\right)$　④$4\frac{11}{15}\left(\frac{71}{15}\right)$
⑤$6\frac{15}{16}\left(\frac{111}{16}\right)$

考え方 ❷ ①$2\frac{5}{18}+1\frac{1}{6}$

$=2\frac{5}{18}+1\frac{3}{18}=3\frac{\cancel{8}^{4}}{\cancel{18}_{9}}=3\frac{4}{9}\left(\frac{31}{9}\right)$

41。 8 分数の大きさとたし算、ひき算 41ページ

❶ ㋐8　㋑3　㋒$\frac{5}{12}$

❷ ①$\frac{3}{10}$　②$\frac{4}{15}$　③$\frac{5}{28}$　④$\frac{11}{24}$　⑤$\frac{10}{21}$

❸ ①$\frac{1}{5}$　②$\frac{1}{2}$　③$\frac{2}{3}$　④$\frac{1}{2}$
⑤$\frac{9}{5}\left(1\frac{4}{5}\right)$　⑥$\frac{7}{5}\left(1\frac{2}{5}\right)$

考え方 ❸ ①$\frac{7}{10}-\frac{1}{2}=\frac{7}{10}-\frac{5}{10}$

$=\frac{2}{10}=\frac{1}{5}$

⑥$\frac{5}{3}-\frac{4}{15}=\frac{25}{15}-\frac{4}{15}=\frac{21}{15}=\frac{7}{5}$

42. 8 分数の大きさとたし算、ひき算 42ページ

❶ ① $\frac{11}{12}$　② $1\frac{11}{28}$　③ $1\frac{7}{18}$　④ $\frac{5}{6}$

❷ ㋐4　㋑9　㋒6　㋓ $\frac{7}{12}$

❸ ① $\frac{5}{12}$　② $\frac{1}{18}$　③ $\frac{14}{15}$　④ $\frac{5}{42}$

考え方 ❶ ② $3\frac{1}{7}-1\frac{3}{4}=3\frac{4}{28}-1\frac{21}{28}$

$=2\frac{32}{28}-1\frac{21}{28}=1\frac{11}{28}$

❸ ① $\frac{5}{6}-\frac{2}{3}+\frac{1}{4}=\frac{10}{12}-\frac{8}{12}+\frac{3}{12}=\frac{5}{12}$

43. 8 分数の大きさとたし算、ひき算 43ページ

❶ ① $\frac{3}{2}$　② $\frac{3}{5}$　③ $\frac{2}{3}$　④ $\frac{7}{16}$

❷ ① $>$　② $=$　③ $<$

❸ ① $\frac{19}{20}$　② $\frac{13}{24}$　③ $\frac{3}{4}$　④ $3\frac{5}{6}$

⑤ $\frac{4}{21}$　⑥ $\frac{23}{50}$　⑦ $\frac{4}{9}$　⑧ $\frac{11}{12}$

⑨ $\frac{1}{3}$　⑩ $\frac{1}{8}$

考え方 ❸ ④ $3\frac{8}{15}+\frac{3}{10}=3\frac{16}{30}+\frac{9}{30}$

$=3\frac{25}{30}=3\frac{5}{6}$

⑩ $\frac{11}{12}-\frac{2}{3}-\frac{1}{8}=\frac{22}{24}-\frac{16}{24}-\frac{3}{24}$

$=\frac{3}{24}=\frac{1}{8}$

おうちのかたへ 分母の公倍数であれば最小公倍数でなくても通分できます。しかし、数が大きくなり、約分もたいへんです。

44. 9 平均 44ページ

❶ 式 (160+50+110+100+130)÷5
=110　答え 110 mL

❷ 式 115×40=4600　答え 4600 g

❸ ①式 800÷5=160　答え 160 g
②式 160×32=5120　答え 5120 g

考え方 平均＝合計÷個数、合計＝平均×個数で求めましょう。

45. 9 平均 45ページ

❶ 式 (75×4+90)÷5=78
答え 78 点

❷ 式 (23+19+0+25+19+24+17)÷7
=18.14…　答え 18.1 個

❸ ①式 4÷10=0.4　答え 0.4 m
②式 0.4×150=60　答え 約 60 m

考え方 平均を求めるときは、0も入れて計算します。平均では、答えが小数になるときもあります。

46. 10 単位量あたりの大きさ 46ページ

❶ ①い　②い　③あ1.25 人　う1.2 人
④あ0.8 m^2　う約 0.83 m^2　⑤あ

❷ 1 号機

考え方 ❶ ④あ4÷5=0.8
う5÷6=0.833…

47. 10 単位量あたりの大きさ 47ページ

❶ ①京都府…
式 2536995÷4612=550.0…
答え 約 550 人
奈良県…
式 1295681÷3691=351.0…
答え 約 351 人
②京都府

❷ 式 1540890÷144=10700.6…
答え 約 10701 人

❸ 神奈川県川崎市

考え方 1 km^2 あたりの人口を人口密度といい、人口÷面積(km^2)で求めます。1 km^2 あたりの人口が多いほどこんでいます。

48. 10 単位量あたりの大きさ 48ページ

❶ 白のペンキ

❷ 式 15×8=120　答え 120 km

❸ ①㋐14　㋑350　②25 L

❹ ①4.8 m^2　②72 m^2　③62.5 L

考え方 ❶ 1Lあたりでぬれる面積を比べると
白…4÷1.4＝2.85…　赤…7÷2.5＝2.8
❸ ②14×□＝350　350÷14＝25

49. 10 単位量あたりの大きさ 49ページ

❶ ①じゅんさん　②たくやさん
③じゅん…0.18 km　たくや…0.2 km
④じゅん…約5.6分　たくや…5分
⑤たくやさん
❷ のぞみ号…約205 km　とき号…約151 km
はやて号…約198 km

考え方 ❶ ①同じ時間(5分)で、長い道のりを走ったほうが速く走ったといえます。
②同じ道のり(0.8 km)を短い時間で走ったほうが速く走ったといえます。
③じゅん…0.9÷5＝0.18
たくや…0.8÷4＝0.2
④じゅん…5÷0.9＝5.55…（6）
たくや…4÷0.8＝5

50. 10 単位量あたりの大きさ 50ページ

❶ ①式　2000÷25＝80
答え　分速80 m
②式　50÷8＝6.25
答え　秒速6.25 m
❷ ①式　234÷2＝117
答え　時速117 km
②式　117÷60＝1.95
答え　分速1.95 km
③式　1950÷60＝32.5
答え　秒速32.5 m
❸ ①い　②あ

考え方 ❸ ①分速300 mは、時速になおすと、300×60＝18000ですから、時速18 kmです。秒速では300÷60＝5ですから、秒速5 mです。
②時速240 kmは、240÷60＝4ですから、分速4 kmです。

51. 10 単位量あたりの大きさ 51ページ

❶ ①式　45×4＝180　答え　180 km
②式　70×20＝1400　答え　1400 m
③式　340×5＝1700　答え　1700 m
❷ ①式　65×40＝2600　答え　2600 m
②式　65×60＝3900　答え　3.9 km
❸ ①式　90×0.5＝45　答え　45 km
②式　26×90＝2340　答え　2340 m

考え方 道のり＝速さ×時間
❸ 分数でも、道のりの公式を使って計算することができます。

52. 10 単位量あたりの大きさ 52ページ

❶ ①㋐60　㋑150　②2.5
❷ ①式　280÷70＝4　答え　4時間
②式　3000÷120＝25　答え　25分
③式　60÷75＝0.8　0.8×60＝48
答え　48分
④式　1600÷80＝20　答え　20分

考え方 ❷ 時間＝道のり÷速さ　の式を使います。

53. 10 単位量あたりの大きさ 53ページ

❶ ①390 m　②10時18分
❷ ①分速60 m　②まにあわない

考え方 ❶ ①65×6＝390
②1170÷65＝18　1170 m歩くのに18分かかります。
❷ ①(1400−800)÷10＝60
②ひろとさんが1.4 km歩くのにかかる時間は、1400÷60＝23.33…ですから、駅に着くのは12時3分すぎとなり、まにあいません。

54. 10 単位量あたりの大きさ 54ページ

❶ 2600円
❷ 横浜市(よこはまし)の人口密度(じんこうみつど)…約8631人
守口市(もりぐちし)の人口密度…約10866人
こんでいるほうは…守口市
❸ ①分速60 m　②2.16 km

考え方 ❶　360 km 走るのに必要なガソリンは 360÷18＝20(L) です。20 L 給油するには 130×20＝2600(円) 必要になります。

❸ ①1.2 km＝1200 m
1200÷20＝(分速)60(m)
②60×36＝2160(m)＝2.16 km

おうちのかたへ　距離＝速さ×時間の公式を利用しましょう。わからない部分を□とおいて逆算して求めることもできます。

55　11　わり算と分数　55ページ

❶ ①㋐5　㋑5
②㋒$5\div3=\frac{5}{3}$　㋓$\frac{5}{3}$

❷ ①$\frac{1}{3}$　②$\frac{2}{7}$　③$\frac{5}{6}$　④$\frac{4}{9}$

❸ ①$\frac{4}{5}$ m　②0.8 m

❹ ①0.75　②0.7　③0.89

考え方 ❹ ③$\frac{8}{9}=0.8\overset{9}{8}8$…(四捨五入(ししゃごにゅう))

56　11　わり算と分数　56ページ

❶ ①0.57 m　②白のリボン

❷ ㋐100　㋑153　㋒100

❸ ①$\frac{9}{10}$　②$\frac{13}{10}$　③$\frac{19}{10}$　④$\frac{3}{1}$　⑤$\frac{18}{1}$

❹ ①<　②>　③＝

考え方　分数を小数で表すには、分子を分母でわります。がい数で表すこともあります。

❶、❷ $\frac{1}{10}$の位までの小数は 10 を分母とする分数で、$\frac{1}{100}$の位までの小数は 100 を分母とする分数で表せます。
分数と小数を比(くら)べるとき、分数がわりきれないときは四捨五入するか、小数を分数にします。

❸ ①$\frac{4}{7}=4\div7=0.571$…(四捨五入)

❹ ①$\frac{2}{3}=2\div3=0.66$…0.6 より大きい

57　11　わり算と分数　57ページ

❶ ①式　$8\div7=\frac{8}{7}$　答え　$\frac{8}{7}$ 倍
②式　$2\div7=\frac{2}{7}$　答え　$\frac{2}{7}$ 倍
③式　$2\div8=\frac{2}{8}=\frac{1}{4}$　答え　$\frac{1}{4}$ 倍

❷ ①式　$9\div13=\frac{9}{13}$　答え　$\frac{9}{13}$ 倍
②式　$13\div9=\frac{13}{9}$　答え　$\frac{13}{9}$ 倍

考え方　整数どうしのわり算の商は、分数で表すことができます。このとき、わる数を分母、わられる数を分子にします。

58　12　割合　58ページ

❶ 式　Aチーム…10÷18＝0.55…
Bチーム…17÷25＝0.68
答え　Bチーム

❷ 式　75×0.08＝6　答え　6人

❸ ①式　72÷40＝1.8　答え　1.8
②式　72÷24＝3　答え　3

考え方　割合(わりあい)＝比(ひ)かく量÷基準(きじゅん)量で求めます。

59　12　割合　59ページ

❶ ①式　54÷75＝0.72　答え　0.72
②72 %

❷ 式　6÷50＝0.12
百分率(ひゃくぶんりつ)…12 %　歩合…1.2割(1割2分)

❸ ①5 %　②32 %　③100 %
④0.48　⑤1.3　⑥0.235

考え方　割合 0.01 が百分率の 1 % です。

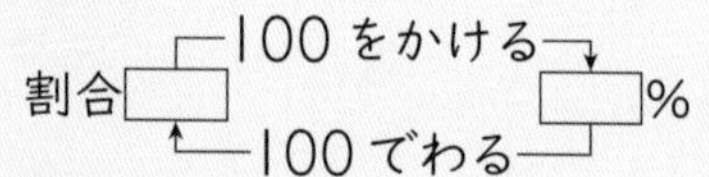

割合が 1 より大きい(比かく量が基準量より大きい)とき 100 % をこえます。

60　12　割合　60ページ

❶ ㋐0.28　㋑300×0.28＝84　㋒84

❷ 式　800×0.55＝440　答え　440 円

❸ ①式　90×0.9＝81　答え　81 個(こ)

②式　90×1.3＝117　　答え　117個

考え方　割合(わりあい)では
比かく量＝基準量×割合
の式が成り立ちます。

61. 12　割合　61ページ

❶ ①0.16
②式　72÷0.16＝450　　答え　450
❷ 式　6300÷0.35＝18000
答え　18000 m^2
❸ ①式　80÷0.8＝100　　答え　100個(こ)
②式　80÷1.6＝50　　答え　50個

考え方　❶のように□を使った式で表すと考えやすいです。

62. 12　割合　62ページ

❶ ①㋐0.4　㋑1600　㋒1600
㋓2400　㋔2400
②㋕60　㋖0.4　㋗2400　㋘2400
❷ 式　1500×(1−0.2)＝1200
答え　1200円
❸ 式　450×(1＋0.08)＝486
答え　486人
❹ ㋐0.1　㋑0.9　㋒1600　㋓1600

考え方　❷や❸は、❶①のように考えて式を作ってもよいでしょう。
❷ 1500×0.2＝300
1500−300＝1200
❸ 450×0.08＝36　450＋36＝486

63. 12　割合　63ページ

❶ 式　野球　26÷20＝1.3
サッカー　30÷24＝1.25
答え　サッカー
❷ ①8％　②97％　③0.563
❸ ①式　240÷0.8＝300　答え　300 kg
②式　240×1.1＝264　答え　264 kg
❹ ①式　3200×(1−0.2)＝2560
答え　2560円
②A店

考え方　❶ 希望者の割合が小さいほうが入りやすいといえます。
❸ ①おとどしとれたじゃがいもを□kgとすると、□×0.8＝240と表せます。
❹ ①次のように計算してもよいでしょう。
3200×0.2＝640　3200−640＝2560
②B店では2600円で買えます。

おうちのかたへ　文章題では、まず「基準量」を正しく見分けることがポイントです。
❸の①では「おととしの重さ」、②では「昨年の重さ」が基準量になります。

64. 13　割合とグラフ　64ページ

❶ ①㋐帯　②㋑26　㋒16　㋓13
③式　16×0.26＝4.16
答え　4.16万t
❷ ①㋐円　②㋑3　③㋒22　④㋓4

考え方　❷ $\frac{1}{3}$は約33％、$\frac{1}{4}$は25％です。

65. 13　割合とグラフ　65ページ

❶ ㋐20　㋑16　㋒15　㋓7
㋔5

キウイフルーツの生産量の割合(合計 25600 t)

0　10　20　30　40　50　60　70　80　90　100(％)

愛媛(えひめ)県	福岡(ふくおか)県	和歌山(わかやま)県	神奈川(かながわ)県	静岡(しずおか)県	その他

❷ ①2010年　18％、2013年　21％、
2016年　19％
②約45万t

考え方　❶ 愛媛は5230÷25600
＝0.204…→20％となります。
❷ ②77万×0.59＝45.4…万

66. 整数の見方／分数の大きさとたし算、ひき算／平均／単位量あたりの大きさ　66ページ

★1 16ふくろ
★2 ①$\frac{23}{21}\left(1\frac{2}{21}\right)$　②$\frac{19}{20}$(0.95)
③$\frac{101}{10}$(10.1)　④$\frac{17}{6}\left(2\frac{5}{6}\right)$

⑤ $\frac{3}{10}$(0.3)　⑥ $\frac{31}{15}\left(2\frac{1}{15}\right)$

3 102 g

4 赤のペンキ

5 2.4 km

考え方 **2** ① $\frac{3}{7}+\frac{2}{3}=\frac{9}{21}+\frac{14}{21}=\frac{23}{21}$

⑥ $3.4-\frac{4}{3}=\frac{34}{10}-\frac{4}{3}=\frac{102}{30}-\frac{40}{30}$

$=\frac{\overset{31}{\cancel{62}}}{\underset{15}{\cancel{30}}}=\frac{31}{15}$

4 1Lでぬれる量を比(くら)べます。

白のペンキ…5÷1.8=2.7……

赤のペンキ…7÷2.5=2.8

おうちのかたへ 分母が違う分数どうしの計算をするときには、通分して分母をそろえます。

67 わり算と分数/割合/割合とグラフ　67ページ

1 $\frac{8}{5}$倍

2 ①72 %　②1 %　③11.2 %
④0.92　⑤1.15　⑥0.014

3 450 mL

4 ㋐43　㋑17　㋒28

0　10　20　30　40　50　60　70　80　90　100 (%)

東町	西町	南町	北町

考え方 **3** □×(1+0.2)=540と考え、□を求めます。

4 ㋐172÷400=0.43　㋑68÷400=0.17
㋒112÷400=0.28

帯グラフは割合(わりあい)の大きい順に区切ります。

おうちのかたへ 割合の文章題では、どれが「基準量」にあたるのかを考えることがポイントです。また「基準量」、「比かく量」、「割合」の関係式を使い分けられるようにしましょう。

68 14 四角形や三角形の面積　68ページ

1 ①㋐6　㋑5
②式　5×6=30　答え　30

2 ①式　7×4=28　答え　28 cm²
②式　3×8=24　答え　24 cm²

3 ①式　5×7=35　答え　35 cm²
②式　4×5=20　答え　20 cm²

考え方 **1** 三角形ABEを三角形DCFの位置に移(うつ)すと、面積が等しい長方形AEFDができます。

3 ②は4cmの辺を底辺とすると、それと垂直(すいちょく)な5cmの辺が高さになります。6cmは使いません。

69 14 四角形や三角形の面積　69ページ

1 ①㋐6　㋑7
②式　7×6÷2=21　答え　21

2 ①式　9×4÷2=18　答え　18 cm²
②式　5×8÷2=20　答え　20 cm²

3 ①式　8×9÷2=36　答え　36 cm²
②式　6×4÷2=12　答え　12 cm²

考え方 **2** ①たて4cm、横9cmの長方形の面積の半分です。
②たて5cm、横8cmの長方形の面積の半分です。

3 ②は6cmの辺を底辺とすると、それと垂直な4cmの辺が高さになります。

70 14 四角形や三角形の面積　70ページ

1 ①CDB
②3個(こ)

2 ①㋐3　㋑6　㋒9　㋓12
㋔15　㋕18
②3cm²ずつ増(ふ)える　③2倍、3倍になる

考え方 **2** 三角形の面積=底辺×高さ÷2

71 14 四角形や三角形の面積　71ページ

1 ①㋐9　㋑4　㋒2
②㋓9×4÷2=18　㋔18

2 ①㋐4　㋑10　㋒2
②㋓4×10÷2=20　㋔20

考え方 **1** 公式を使って求めると
(3+6)×4÷2=18

72 14 四角形や三角形の面積 72ページ

❶ ①式 5×3÷2＝7.5
5×3÷2＝7.5
7.5＋7.5＝15 答え 15 cm^2
②式 7×2÷2＝7
7×3÷2＝10.5
7＋10.5＝17.5 答え 17.5 cm^2

❷ ①㋐11 ㋑18 ㋒2 ㋓20 ㋔20
②㋕13 ㋖20 ㋗2 ㋘23 ㋙23

考え方 ❷ ■(形の内側に完全に入っている方眼)の面積は 1 cm^2です。
◪のように、一部が形にかかっている方眼は、面積を半分と考えます。
それぞれの図で方眼の数を数えると
①■が 11 個、◪が 18 個
②■が 13 個、◪が 20 個となっています。

73 14 四角形や三角形の面積 73ページ

❶ ①45 cm^2 ②10.5 cm^2 ③44 cm^2
④14 cm^2 ⑤8.1 cm^2 ⑥5.95 cm^2

❷ ①10 cm^2 ②11.25 cm^2

❸ 式 7＋16÷2＝15 答え 約 15 cm^2

考え方 ❷ 次のところをはかりましょう。

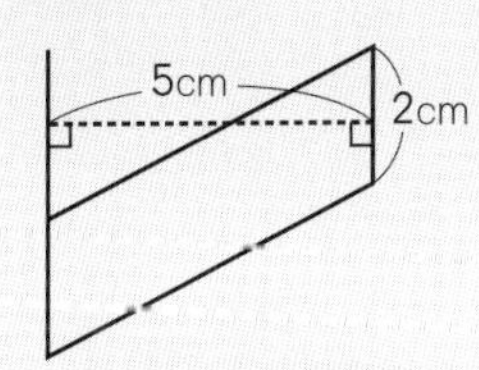

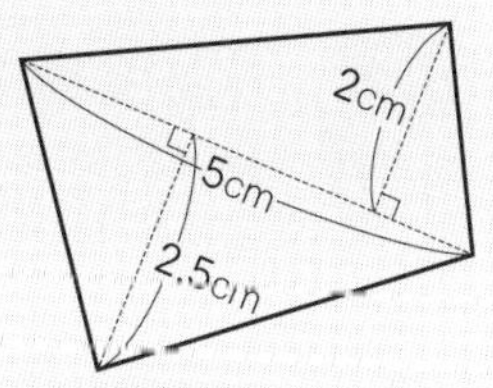

①2×5＝10
②5×2÷2＋5×2.5÷2＝11.25
❸ ■の方眼は 7 個、◪の方眼は 16 個です。

おうちのかたへ 底辺と高さは垂直です。これをめやすにして底辺を決めましょう。高さが底辺からはずれるときは、底辺をのばして高さを知りましょう。

74 15 正多角形と円 74ページ

❶ ①㋐辺 ㋑角
②㋒360 ㋓45

❷ ①正十角形 ②正八角形
③正五角形

❸ ㋐60° ㋑120° ㋒60°

考え方 ❷ ①360÷36＝10
❸ 正六角形の角の和は
6×180－360＝720
㋐360÷6＝60 ㋑720÷6＝120
㋒120÷2＝60

75 15 正多角形と円 75ページ

❶ ①式 10×3.14＝31.4
答え 31.4 cm
②式 (4.5×2)×3.14＝28.26
答え 28.26 cm

❷ ①㋐3.14 ㋑6.28 ㋒9.42
㋓12.56 ㋔15.7
②3.14 cm 増(ふ)える ③2倍、3倍になる

❸ ㋐3.14 ㋑36 ㋒36÷3.14
㋓11.46…（6を切り上げて5） ㋔11.5

考え方 ❷ ①㋐1×3.14＝3.14、
㋑2×3.14＝6.28、…、㋔5×3.14＝15.7
❸ 36÷3.14＝11.46…（6を切り上げて5）

76 16 角柱と円柱 76ページ

❶ ㋐底面 ㋑側面 ㋒底面 ㋓辺
㋔高さ ㋕頂点 ㋖底面 ㋗高さ
㋘底面 ㋙側面

❷ ①数…2つ 形…五角形
②数…5つ 形…長方形
③五角柱 ④頂点…10、辺…15
⑤側面の長方形のたての長さ

考え方 ❶ 角柱や円柱には、底面が2つあります。上にあっても底面といいます。

77 16 角柱と円柱 77ページ

❶ 見取図 展開図

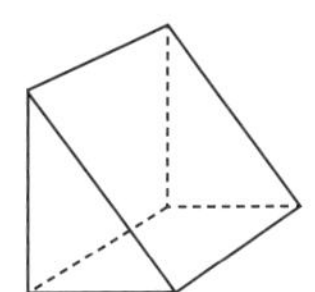

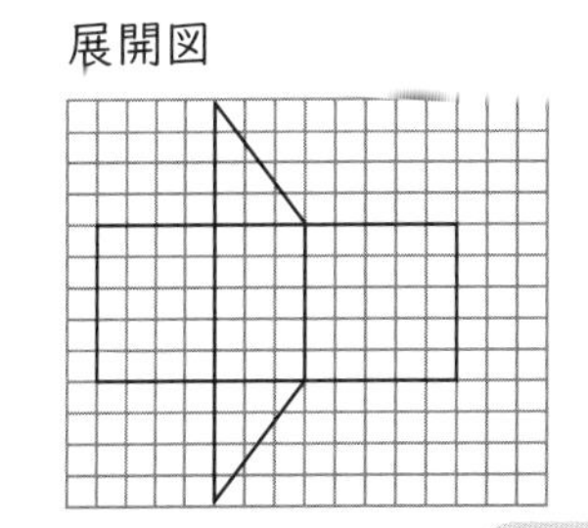

2

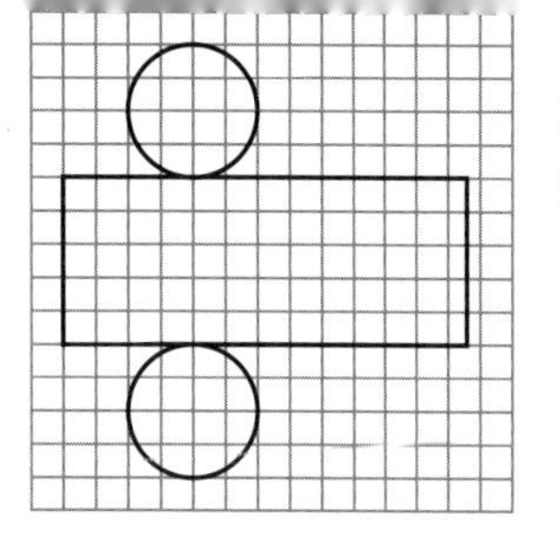

㋐5
㋑12.56

78 体積／2つの量の変わり方／小数のかけ算／合同と三角形、四角形／小数のわり算　78ページ

1 ①3.6 m^3　②452 cm^3

2 ①5×○＝△　②60 cm^2

3

```
①    3.5      ②    0.8      ③   4.2 2
   × 2.5         × 0.7 2        ×   0.8
   -----         -------        -------
   1 7 5              1 6       3.3 7 6
   7 0             5 6
   -----         -------
   8.7 5         0.5 7 6
```

```
④          8          ⑤           9 3.6
   0.7 ) 5.6             0.0 2 ) 1.8 7.2
         5 6                     1 8
         ---                     -------
           0                         7
                                     6
⑥           0.0 6 2 5               ---
   2.4 ) 0.1.5 0                     1 2
           1 4 4                     1 2
           -------                   ---
               6 0                     0
               4 8
               -----
               1 2 0
               1 2 0
               -----
                   0
```

4 ㋐105°　㋑30°　㋒40°

おうちのかたへ　比例の関係にある場合、一方の値が2倍、3倍…となると、もう一方の値も2倍、3倍…となります。このことを確かめてから式を作るようにしましょう。

79 整数の見方／分数の大きさとたし算、ひき算／平均／単位量あたりの大きさ　79ページ

1 ①公約数…1、2、4、8
公倍数…48
②公約数…1、3
公倍数…12、24、36、48、60

2 ① $\frac{19}{15}\left(1\frac{4}{15}\right)$　② $\frac{93}{56}\left(1\frac{37}{56}\right)$
③ $\frac{21}{20}\left(1\frac{1}{20}\right)$

3 ①0.3 m　②約 36 m

4 式　1237984÷9646＝128.3…
答え　約 128 人

5 ①270 km　②4 時間

考え方　**3** ①3÷10＝0.3(m)
②1 歩あたり 0.3 m ですから
0.3×120＝36(m)
5 ①90×3＝270　②360÷90＝4

おうちのかたへ　人口密度は、1 km^2 あたりに何人いるかを表します。

80 割合／割合とグラフ／四角形や三角形の面積／正多角形と円　80ページ

1 1435 人

2 ㋐59　㋑13
㋒17　㋓9

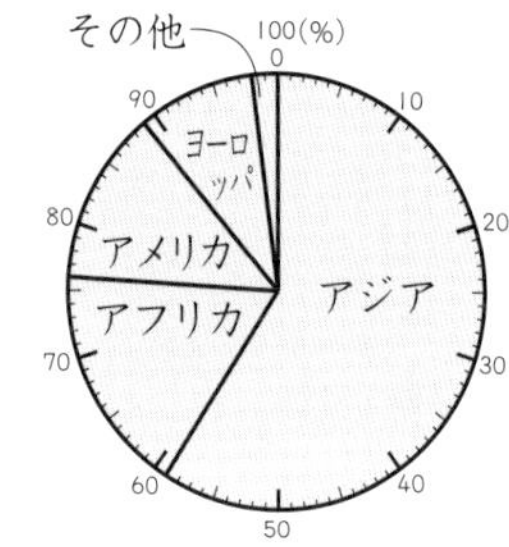

3 ①21 cm^2　②18 cm^2　③17.5 cm^2

4 約 15.9 m

考え方　**4** 円周＝直径×3.14 ですから、
50＝□×3.14　50÷3.14＝15.92…

おうちのかたへ　「25 % 増加」の状況では、「もとの分量×0.25」としただけでは誤りです。これは増加した分だけを表すので、もとの分量もあわせて答える必要があります。